# 潜艇水中兵器发射技术

周 杰  张孝芳  杨继锋  编著

国防工业出版社
·北京·

## 内 容 简 介

本书系统、全面地阐述潜艇武器发射过程的能量传递方式和武器运动姿态变化，内容涵盖潜艇发射技术的发射动力学建模和分析方法，如自航式、气动不平衡式、液压平衡式等。本书的撰写结合学历教育和岗位任职的综合需求，突出潜艇特色，重点结合实战问题的解决过程，阐述发射过程中能量传递模型和武器运动模型的建模方法、仿真分析过程和工程化应用的方法。

本书可作为高等院校武器发射工程本科生、军事装备学专业研究生教材，也可供从事潜艇雷弹发射装置研究、设计、生产与使用的相关工程技术人员和技术管理人员参考。

图书在版编目（CIP）数据

潜艇水中兵器发射技术/周杰，张孝芳，杨继锋编著．--北京：国防工业出版社，2023.4
ISBN 978-7-118-12959-5

Ⅰ．①潜… Ⅱ．①周… ②张… ③杨… Ⅲ．①水中武器-水下发射 Ⅳ．①TJ6

中国国家版本馆 CIP 数据核字（2023）第 073223 号

※

国防工业出版社出版发行
（北京市海淀区紫竹院南路23号　邮政编码100048）
北京虎彩文化传播有限公司印刷
新华书店经销

\*

开本 710×1000　1/16　印张 14　字数 250 千字
2023年4月第1版第1次印刷　印数1—1000册　定价78.00元

（本书如有印装错误，我社负责调换）

国防书店：(010) 88540777　　书店传真：(010) 88540776
发行业务：(010) 88540717　　发行传真：(010) 88540762

# 前　言

本书内容以部队装备使用实际问题为牵引，聚焦水下攻防，面向部队、面向战场、面向未来，系统地论述了水中兵器发射技术的基本理论、建模过程和仿真分析方法。各章节设置导读，理清学习思路，重点内容提供助学资源链接，帮助读者理解重、难点知识。在关键章节融入课程思政元素。课后习题设置遵循高阶思维生成路径，并突出课程思政学习反思。

本书共分为 6 章：第一章概述水中兵器发射技术的基础理论；第二章从中间弹道和外弹道初始阶段对水平发射安全性进行分析；第三章为解决无人水下航行器武器自航发射问题，综合分析自航发射技术的设计要点，建立自航发射内弹道数学模型；第四章从液压平衡发射技术能量控制和振动控制的角度探讨降低液压平衡发射噪声的方法；第五章为丰富潜艇防御手段，通过建立气动不平衡发射技术模型，分析潜艇发射新型防御武器的可行性；第六章介绍在研发射技术和发射技术的发展趋势。附录 A 对发射动力学研究和弹道模型建立所涉及的相关基础理论进行了系统阐述，辅助读者学习；附录 B 对燃气-蒸汽发射内弹道模型进行了介绍，为雷弹指挥专业生长干部拓展专业知识面提供参考。

本书由周杰、张孝芳、杨继锋编写。周杰副教授负责第一、二、四、五、六章及附录 A 的编写；第三章由张孝芳讲师编写；附录 B 由杨继锋讲师编写。尹岳昆副教授完成了书稿的校对。本书在编写过程中参考了练永庆研究员编写的《鱼雷发射装置设计原理》一书，对书中的部分模型进行了摘录。部分章节的内容参考了段浩、李经源高工编写的《鱼雷发射技术》。全书由马亮教授主审，在此向各位专家表示衷心的感谢。在本书撰写过程中，还得到了许多领导、同事、家人的关心、支持与帮助，在此一并表示深深的谢意。

限于我们的水平，书中难免存在不足与疏漏之处，敬请专家与读者批评指正。

编著者
2023 年 1 月

# 目 录

## 第一章 概述 ......................................................................... 1

### 第一节 雷弹武器水下发射技术发展概况 ............................. 3
一、潜艇鱼雷发射技术发展概况 ........................................ 3
二、潜艇导弹发射技术发展概况 ........................................ 5

### 第二节 潜艇雷弹发射的任务、方法和技术 ......................... 7
一、发射任务 ........................................................................ 7
二、发射方法及技术 ............................................................ 8

### 第三节 雷弹发射装置的演变、基本组成及分类 ................. 9
一、雷弹发射装置的概念 .................................................... 9
二、雷弹发射装置的组成 .................................................. 10
三、雷弹发射装置的分类 .................................................. 12

### 第四节 典型潜艇武器发射技术 ........................................... 13
一、气动不平衡式发射技术 .............................................. 13
二、往复泵液压平衡式发射技术 ...................................... 14
三、自航式发射技术 .......................................................... 15
四、空气涡轮泵式发射技术 .............................................. 16
五、弹性发射技术 .............................................................. 17
六、电磁发射技术 .............................................................. 18
七、燃气-蒸汽垂直发射技术 ............................................ 19

小结 ........................................................................................ 19
思考与练习 ............................................................................ 20

## 第二章 发射安全性分析 ..................................................... 21

### 第一节 仿真分析技术概述 ................................................... 22
### 第二节 武器发射中间弹道安全性仿真分析 ..................... 23
一、武器通道结构 .............................................................. 24

v

二、中间弹道运动模型 ························· 25
三、中间弹道发射安全性分析 ··················· 29
四、考虑横向扰流情况下中间弹道运动安全性分析 ····· 31
五、仿真设置及流程 ························· 37
第三节 水平发射初始弹道安全性分析 ············· 38
一、初始弹道仿真模型建立 ··················· 39
二、外弹道初始阶段发射安全性仿真分析 ········· 61
小结 ············································· 65
思考与练习 ······································· 65

# 第三章 自航发射技术 ································· 67

第一节 自航发射原理及适应性 ······················· 69
第二节 自航发射装置设计要点 ······················· 70
一、水下发射涉及的主要技术问题 ················· 70
二、安全互锁设计 ····························· 72
三、自航发射管的线型设计 ······················· 73
第三节 自航发射内弹道模型 ························· 75
一、基本条件 ································· 75
二、鱼雷运动方程 ····························· 76
三、对附加质量的探讨 ························· 76
四、螺旋桨推力 ······························· 77
五、鱼雷的流体运动阻力 ······················· 80
六、流动损失附加阻力 ························· 80
七、鱼雷与自航发射管之间的机械摩擦力 ········· 84
八、内弹道基本方程 ··························· 84
第四节 仿真设置及流程 ····························· 85
一、仿真参数设置 ····························· 85
二、仿真流程 ································· 86
三、仿真结果分析 ····························· 86
小结 ············································· 90
思考与练习 ······································· 90

# 第四章 液压平衡发射技术 ··························· 91

第一节 液压平衡发射原理及发射噪声分析 ············· 91

一、液压平衡发射原理及发射装置基本结构 ………… 91
　　二、发射噪声对潜艇攻击效能的影响 ……………… 95
　　三、发射噪声产生机理及其危害 …………………… 95
　第二节　液压平衡发射内弹道模型 …………………… 97
　　一、发射能量分析 …………………………………… 97
　　二、内弹道方程 ……………………………………… 100
　第三节　仿真设置及流程 ……………………………… 112
　　一、仿真参数 ………………………………………… 112
　　二、仿真流程 ………………………………………… 112
　　三、内弹道仿真结果 ………………………………… 112
　第四节　其他发射噪声控制方法 ……………………… 116
　　一、其他发射噪声产生原因 ………………………… 116
　　二、振动控制技术 …………………………………… 117
　小结 ……………………………………………………… 123
　思考与练习 ……………………………………………… 123

## 第五章　气动不平衡发射技术　125

　第一节　潜艇新型武器发射可行性测试技术 ………… 127
　　一、武器发射的物理仿真试验 ……………………… 127
　　二、发射装置试验测试技术 ………………………… 128
　第二节　气动不平衡发射原理分析 …………………… 129
　第三节　发射能量分析 ………………………………… 131
　　一、分段能量控制法 ………………………………… 133
　　二、无级调整法 ……………………………………… 134
　第四节　雷弹武器气动不平衡发射内弹道模型 ……… 135
　　一、发射气瓶数学模型 ……………………………… 137
　　二、发射开关数学模型 ……………………………… 137
　　三、发管内控制体能量转换数学模型 ……………… 145
　　四、泄放过程数学模型 ……………………………… 147
　　五、管中武器运动方程 ……………………………… 152
　　六、仿真设置及流程 ………………………………… 152
　第五节　潜艇防御武器发射内弹道模型 ……………… 156
　　一、发射原理分析 …………………………………… 156

二、防御武器发射系统内弹道模型 ············································· 157
　小结 ······················································································· 161
　思考与练习 ·············································································· 161

## 第六章　水中兵器发射技术展望 ············································· 162
　第一节　在研发射技术 ······························································ 162
　　一、基于潜艇发射装置UUV布放与回收技术 ······························ 162
　　二、潜载舷间、舷外等外置式发射技术 ······································ 163
　第二节　未来发展趋势 ······························································ 165
　　一、发展需求 ·········································································· 165
　　二、发展趋势 ·········································································· 166
　小结 ······················································································· 167
　思考与练习 ·············································································· 167

## 附录A　本书所需基础理论 ······················································ 169
　一、伯努利积分推导及应用 ························································ 169
　二、气体喷射理论 ····································································· 173
　三、激波基本理论 ····································································· 179
　四、数理基础 ··········································································· 180

## 附录B　弹道导弹燃气-蒸汽发射技术 ······································ 190
　一、燃气-蒸汽发射动力系统工作原理 ·········································· 190
　二、内弹道方程 ········································································ 196
　三、发射内弹道方程的解算 ························································ 208
　四、仿真设置及流程 ·································································· 211

## 参考文献 ·················································································· 215

# 第一章 概　　述

从古代战场的弓弩到现代战场的枪支、火炮，人类战争的发展历程似乎就是在追求如何用更大的动力将杀伤延伸到更远的地方。当战场从陆上转入水下，如何将远距离攻击的自航武器（如鱼雷、导弹）从密闭的潜艇中发射出去，同时保证潜艇的安全和武器的效能，就成为潜艇设计人员需要仔细考虑的问题。在水下将几吨重的武器顺利地推离潜艇将面临许多问题，包括克服巨大的水压、降低发射的噪声、确保安全的发射速度，这些问题应该如何在发射系统中得到统一解决，将在本书中找到答案。

技术的概念是根据自然科学原理或实践经验而发展的操作方法和技能，从广义而言，还涉及物资设备和作业程序及方法。发射技术必须保证发射装置在特定的工作条件下能够安全、可靠地工作，即在不同运载体的特定存储和发射条件下，平时安全存储武器，战时按安全弹道要求发射武器。水中兵器泛指能在水中毁伤目标的武器，包括鱼雷、导弹、水雷等。水中兵器的发射有多种方式，如水面发射、空中发射和水下发射。本书重点关注潜艇发射水中兵器的相关技术，即潜艇水中兵器水下发射技术。

潜艇武器的发射过程是武器由静止启动、加速直到获得一定大小和方向的离艇速度矢量的整个运动过程。发射技术的核心是发射能量到武器动力的转换。水中兵器的发射需要发射系统为其提供动力，使其获得初速度，安全离开潜艇外壳。动力的来源主要是武器自身推进系统、压缩空气膨胀做功或者是燃气膨胀做功。不同的发射方式又使做功产生的力通过不同的途径施加到武器上，使武器克服海水压力、管内摩擦力等阻力开始运动，最终转换为武器的动能。这个过程就是发射动力转化为武器动能的过程。能量转换过程中用到的相关技术都属于水中兵器发射技术，而实现能量转换的装置就是潜艇武器发射装置。发射技术主要涉及的问题是发射安全、结构强度、抗电磁干扰、内弹道与发射系统设计、密封技术、发射振动与噪声控制等。其中发射安全又包括武器存储安全、发射操作安全、人员安全、发射隐蔽性和武器离艇安全。研究发射技术必须依托发射装置，潜艇武器发射装置是用于平时储存武器，发射时向给定方向实施武器发射的专用综合装置。潜艇武器发射装置是潜艇武器系统的重要组成部分，它为武器提供安全的离艇速度，保证发射的安全。

> **助学资源** 军事职业教育平台/慕课水中兵器发射技术/第一章水中兵器发射技术基础知识/第一节水中兵器发射技术基础知识/知识点1潜艇武器发射技术基础知识

本书围绕潜艇水中兵器发射技术的核心问题——发射能量控制，聚焦水下攻防，内容包括基础知识、发射安全性判断方法、自航发射装置的基本设计方法、液压平衡发射技术发射噪声控制方法、新型武器发射可行性分析方法以及发射技术的发展趋势（图1-0-1）。知识体系重点突出，循序渐进。通过学习，你将获得运用工程设计思想解决发射技术领域实际问题的能力。每个章节围绕一个独立的问题展开，你也可以根据需要选择性地学习。

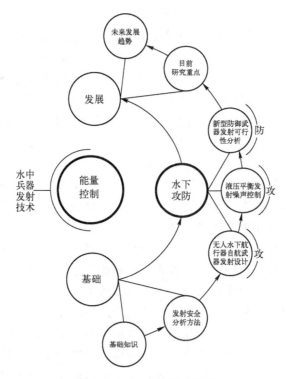

图1-0-1 本书内容结构图

本章导读：本章从发射技术的发展历史出发，首先回顾其发展的历史轨迹，进而总结雷弹发射的基本概念，为对发射技术进行具体支撑，介绍了发射技术的载体发射装置的组成及分类方法，并重点介绍了几种典型发射技术的原理。通过本章的学习，可以理解发射技术的基础知识，会对几种典型发射技术进行比较分析。本章内容思维导图如图1-0-2所示。

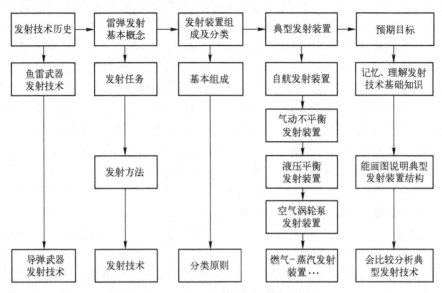

图 1-0-2　概述导读思维导图

# 第一节　雷弹武器水下发射技术发展概况

鱼雷和导弹一直是潜艇远距离攻击的两大利器，我们研究潜艇水下发射技术就是将这两种主战武器作为主要的发射对象，研究利用何种发射技术将它们安全、可靠地发射离艇，鱼雷和导弹的发射技术统称为雷弹水下发射技术，雷弹发射技术是随着潜艇技术的发展逐渐丰富的，并与潜艇平台融合，形成了极具特色的技术发展历程。在对雷弹武器水下发射技术进行详细剖析之前，首先来概略了解它的技术发展情况。

## 一、潜艇鱼雷发射技术发展概况

鱼雷是潜艇的最佳搭档，两者的结合使潜艇成为水下的"巨人杀手"，在两次世界大战中取得了一系列辉煌的战绩。鱼雷发射技术伴随着潜艇技术的进步逐步发展成熟。潜艇出现较早，早在1578年，英国人威廉·伯恩在其著作

《发明与设计》中已经提出了潜艇的潜浮原理。1624年，荷兰物理学家科尼利尔斯·德布雷尔，建造了世界上第一艘潜艇，他也被称为潜艇之父。潜艇出现以后在军事领域引起了许多国家的注意，美国在独立战争和南北战争中都有潜艇的身影出现，1776年9月，由美国耶鲁大学学生戴维·布什内尔设计的"海龟"号，由陆军中士埃兹拉·李驾驶，进攻英国海军"鹰"号战舰。1864年2月7日夜，由南部联盟步兵上尉乔治·狄柯逊指挥的"亨利"号，成功击沉联邦军队护卫舰"豪萨托尼克"号。但是当时潜艇采用的武器是延时爆炸的炸药包，主要通过将炸药包直接固定在目标舰船底部的方式进行"贴身肉搏"，这种作战方式不符合潜艇平台的自身特点，由于缺乏有力的武器，潜艇在战争中的作用有限。直到鱼雷出现以后，潜艇终于获得了有利的远距离攻击的武器，但潜艇使用鱼雷离不开发射装置的发展。据史料记载，俄国在1865年装备了木制的圆筒形栅状管，依靠鱼雷动力系统产生的推力使鱼雷自行游出栅状管。1881年出现了钢质鱼雷发射管。发射管的出现，为潜艇使用鱼雷奠定了技术基础。隐蔽的武器从隐蔽的航行器上发射，必将取得更大的战果。首先注意到这一点的是一位英国牧师——雷文伦德·乔治·迦莱德，他在1878年注册了潜艇发射鱼雷的专利。后来他与瑞典工业家索尔斯坦·诺德菲尔特合作，在1885年为奥匈帝国建造了"阿卜杜·麦吉德"号潜艇，该艇已经装备了压缩空气驱动的鱼雷发射装置，开创了潜用鱼雷发射装置的先河，但由于该型潜艇使用蒸汽动力，水下艇内工作环境恶劣，未能得到实际应用。真正使潜艇和发射装置走入军事装备行列的是美国人约翰·霍兰德，他在1898年设计制造的潜艇，具备柴电双动力推进系统，并能利用空气动力从水下发射白头鱼雷。1900年，美国海军正式采购他设计的潜艇。1901年，德国研制了能自动调节气量的发射阀，保证发射能量供给的速度和数量，确保了鱼雷发射的成功率和效果。两次世界大战中，鱼雷的发射主要是利用鱼雷自身动力和压缩空气推动鱼雷出管。第二次世界大战前夕，德国研制出无泡无倾差系统，回收发射废气，防止发射时造成气泡，同时吸入定量海水，补偿均衡差，保证潜艇隐蔽性和操纵性。随着潜艇技术的发展，潜艇下潜深度不断增大，利用压缩空气直接推动鱼雷出管的发射装置，其最大发射深度仅为80~100m，很难满足潜艇大深度发射鱼雷武器的需求。20世纪50年代中期核潜艇出现，潜艇潜深和水下续航力大幅度提升，为适应作战平台和作战环境的改变，美国于20世纪50年代后期研制出能在水下300~600m发射鱼雷的发射装置——液压平衡式发射装置。现代潜艇大多装备此类发射装置，如美国"洛杉矶"级、俄罗斯"台风"级等。基于平衡发射的原理，通过改进发射动力供给方式，还发展出空气涡轮泵式、弹性储能式、电磁式发射装置等。

> 助学资源 军事职业教育平台/慕课走近潜艇武器/第二章潜艇武器发射技术/第二节猛气冲长缨/知识点1鱼雷发射技术起源

## 二、潜艇导弹发射技术发展概况

### (一) 战术导弹发射技术

随着潜艇的发展和潜艇武器的多样化,潜艇发射的水中兵器已经不仅仅局限于鱼雷,反舰和巡航导弹进入了潜艇的武器库。20世纪70年代,苏联和美国相继实现了导弹的潜艇水下发射,初期从专用的发射管中发射,后期从标准的鱼雷发射管中发射。战术导弹的水下发射技术非常复杂,牵扯到导弹在两种不同介质中航行姿态的转换和控制。水中发射导弹主要采用"湿"发射和"干"发射技术。"湿"发射不采用密封的运载器,导弹靠弹上的助推器推进和进行水下制导,美国的"战斧"即采用这一方案。"战斧"式巡航导弹由发射管发射时,导弹装在不锈钢密封容器中,这种密封容器不仅可以隔离水,还能承受冲击。发射时,切断把导弹固定在密封容器上的2个紧固螺栓,解除束缚,随后移动套筒至适当位置,打开活门,让海水从容器后部注入;接着利用液压发射平衡系统将导弹从密封容器中推出。弹道冲破密封容器前盖离开发射管一定距离后,借由拉索解除保险,使助推器点火,推动导弹出水。导弹发射后,容器套筒回到原来位置,关闭活门,再利用发射装置抛射容器。"干"发射将导弹装在密封运载器内,运载器从潜艇中射出并在水中航行,一直将导弹送至水面。借用运载器解决抗冲击、水压及水密问题比直接由导弹解决容易,但采用标准鱼雷发射管发射战术导弹会受到尺寸限制,而且需要解决发射后弹器分离问题。运载器可分为有动力和无动力两种类型,两者的主要区别是在水中航行有无动力推进、弹道有无控制。无动力运载器从标准鱼雷发射管中发射,采用和发射鱼雷相同的发射能量供给方式,水中弹道靠运载器的尾翼控制,以一定的角度浮出水面后助推器点火,美国的"鱼叉"和"海长矛"导弹即采用这种方案。发射时利用发射动力推动运载器出管,运载器靠浮力和稳定翼滑向水面。出水后头盖打开,导弹发动机点火,弹器分离。其优点是:能够隐蔽发射,运载器流体动力外形简单。但无动力运载器仅依靠正浮力滑行至水面,出水速度低、稳定性差。用有动力运载器发射导弹,发射离管原理与无动力运载器相同,但离管达到安全距离后,运载器的火箭发动机启动,推动运载器出水,水中弹道有制导和控制。法国的"飞鱼"和俄罗斯的SS-N-21反舰导弹即采用这种方案。导弹发射时发射系统推动运载器离管，运载器离管10~12m时，运载器发动机点火，推动运载器出水，出水后运载器二级火箭发动机点火，作用于活塞，抛掉头盖，将导弹推出运载器，实现弹器分离。其优点是：运载器在水中的机动能力较强，出水速度大，姿态相对稳定，发射深度范围宽。但水下噪声比较大，不利于潜艇隐蔽；使用鱼雷发射管发射战术导弹，潜艇必须占领阵地；共用发射管发射造成武器争管，影响潜艇自卫能力，一次发射导弹数量少，无法实施饱和攻击；对导弹的尺寸和重量有严格限制；水中弹道较难控制。

从目前的发展趋势来看，新一代潜艇战术导弹发射装置正走向垂直化，即采用垂直发射装置发射战术导弹。采用此类发射装置储弹量大，反应时间短，火力强，能实施饱和攻击；发射无盲区，可实现全方位攻击；可存储和发射各种型号的导弹；可以提高导弹的发射速度，出水稳定性好；水下弹道简单，可靠性高；导弹不占用鱼雷发射管，有利于鱼雷攻击和潜艇自卫。其缺点在于需要专门研制的发射装置，并占据一定的空间；当导弹发生哑弹时有砸艇的危险。20世纪70年代末，美国西屋电器公司开始研制潜艇战斧导弹垂直发射系统，1985年起开始列装"洛杉矶"级攻击核潜艇。采用裸弹燃气发射、水中点火的发射方式，发射时固体推进剂气体发生器产生的高压气体将导弹从发射系统中弹出，导弹升到水面以后过渡到巡航段飞行。而后又在改装"俄亥俄"级潜艇中发展了大筒共架垂发技术，单个发射筒内可配置7个533mm小筒。第三批次的"弗吉尼亚"级潜艇应用了此技术的改进型，采用两个直径2.21m的大筒，每个大筒内的垂直发射箱配置6个610mm小筒。俄罗斯第四代多用途核潜艇"亚森"级也配置了两列共八个垂直发射筒，每个大筒装载巡航导弹3枚或反舰导弹4枚。

### （二）战略导弹发射技术

自1959年世界上第一条战略导弹核潜艇服役以来，潜射弹道导弹将核潜艇从战术武器提升到战略武器的地位，使潜艇成为重要的核威慑力量。潜射战略导弹采用的是垂直发射系统，其发射装置主要由内筒、外筒、筒盖系统水气密装置和发射动力系统等部分组成。水下发射技术的发展一方面是不断提高发射装置的空间利用率，保持艇体的水动力外形；另一方面是不断改进发射动力系统，水下发射有水下弹射出水和直接点火发射，发射动力从压缩空气式到燃气式再到燃气-蒸汽式。压缩空气式利用高压气作为发射工质，发射时开启发射阀，发射阀用于控制气体的流量并降低压力，在发射筒内建立压力形成弹射力，将导弹弹射出发射筒。此类发射装置工质需求量极大，需要大容量高压气瓶，设备笨重，工艺复杂。燃气式是将火药的化学能转化为推动导弹运动的动能，体积小、能量大，设备结构简单，燃气发生器本质上是固体火箭发动机，直接装在发射筒内。此类发射装置工质质量要求较小，但燃气温度高，导弹和发射装置必须经过特殊的热设计和热处理。燃气-蒸汽式发射动力系统由燃气发生器和冷却器等部分组成，由燃气发生器产生的高温燃气与冷却器中的水混合；一方面燃气的温度降低；另一方面水被加热汽化直至过热。这一过程使产生的燃气和蒸汽温度降低到所需的状态并进入发射筒，按规定的内弹道参数指标将弹道导弹弹射出发射筒，能量利用充分且可调，压力变化平稳，内弹道参数较理想，但燃气-蒸汽发射动力系统结构复杂，体积增大，成本增高。

**助学资源** 军事职业教育平台/慕课水中兵器发射技术/第一章水中兵器发射技术基础知识/第一节水中兵器发射技术基础知识/知识点6 垂直发射典型使用方式及典型装备

## 第二节 潜艇雷弹发射的任务、方法和技术

### 一、发射任务

潜艇雷弹发射装置是潜艇上发射鱼雷、水雷和导弹武器的重要发射设备。发射技术就是研究利用何种原理及方法研发发射装置，并利用发射装置发射雷弹武器的方法和程序。如何将武器从它的载体——潜艇上以最佳的方式送入水中，保证它在整个过程中安全离开发射装置和潜艇，是发射的核心任务。

发射武器的核心任务（图1-2-1）可以简单归纳为：平时存储和保护潜艇携带的雷弹武器，直至发射瞬间；在即将发射之际，给武器设定初始航行参数，如初始航向、航行深度、自导工作方式等；在发射开始后，给武器施力，并引导武器在发射装置内运动，使之具有合适的加速度和足够的速度离开发射装置和发射潜艇；在发射过程中还要能够启动武器的动力系统和导引系统，以保证武器入水后具有必要的速度和方向，直至武器自身动力系统产生足够的功率，推动武器自身进入预定的水下弹道。发射不同类型的武器对发射装置都有具体的不同要求，结合潜艇和发射对象，努力寻求与武器和平台相适应的最佳发射原理，研究设计最好的发射装置，来完成水中兵器发射的核心任务，这就

是水中兵器发射技术要解决的根本问题。

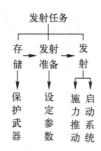

图 1-2-1　发射任务结构

## 二、发射方法及技术

将武器从其载体送入水中，根据武器在发射装置中获得推力的方式，将发射方法归为两大类：一是不依靠发射装置，而是利用自身动力系统产生的推进力，离开发射装置，即自推力发射或自航发射方法；二是依靠载体所装备的发射装置，以特定的方式施力于武器，推动武器离开发射装置及潜艇，即有动力发射方法。

在有动力发射方法中，产生推力的能源有多种，包括机械能、压缩空气内能、火药燃烧内能、液压势能、电能以及弹性势能等。

发射方式的内涵就是发射技术。发射技术的核心内容就是如何使武器的助推系统或主推进系统在发射装置中获得尽可能好的工作条件，或者如何将各种发射工质中储存的能量释放出来，最大限度地发挥其效率，推动武器运动离开发射装置。其实质是发射装置如何实现能量的转换，并且在这个转换过程中，设法使能量得到最充分的利用。在发射武器过程中，谋求减少能量损失，减少伴随发射过程中不得不有的其他做功，而将大部分能量提供给武器，使之最大限度地转换为武器的动能（图1-2-2）。

围绕着能量的转换，还有一个能量控制的问题。发射能量的控制有两方面的含义：一方面是控制武器发射所需能量的多少；另一方面是控制提供能量的规律。前者是因为发射武器所储备的能量，往往是按照最大的能量需求进行的。由于发射的鱼雷或其他武器品种的变化、所要求的武器出管速度变化、发射条件的变化（如发射深度的改变），需要对储备的能量进行有节制的使用，即根据不同的发射要求和条件，不是将储备的发射能量全部释放，而是将一部分能量在发射过程中自动截止。后者则是由于发射不同的武器要求不同的内弹

图 1-2-2　发射技术内涵

道，因而要求按不同的规律提供发射所需的能量。而这都涉及自动控制技术问题。发射能量使用随条件变化而灵活改变，才能保证武器发射的成功，所谓"明者因时而变，智者随事而制"，能根据不同环境及时做出改变是发射成功的关键条件。

作为一个完整的发射过程，自然包含射击控制问题，如发射装置的自动操作问题、武器航行参数预先设定及射击组合问题、实现发射装置与武器系统中其他设备乃至平台作战系统之间的信息传递问题。就安全储存和安全发射而言，包含发射装置的结构强度和稳定性问题、包含发射装置自动操作的安全互锁问题，还包含满足安全储存和发射所必须具备的环境要求。

## 第三节　雷弹发射装置的演变、基本组成及分类

发射装置是发射技术实现的载体，发射装置的组成和工作原理是发射技术最直接的体现。在探讨发射技术的过程中，必须通过发射装置的结构分析能量的传递方式，建立数学模型，才能对发射技术进行定量的分析与研究。所以，本节将简单介绍发射装置的相关概念，为后续章节建立内弹道模型奠定理论基础。

### 一、雷弹发射装置的概念

将满足一定的战术技术要求，用于储存和发射雷弹武器的装置称为雷弹发射装置。"满足一定的战术技术要求"，是要求发射装置应具有的基本性能；"储存和发射武器"是它应具备的主要功能，但并不是唯一功能。事实上，随着潜艇武器的多样化，雷弹发射装置的功能也变得日益多样化。

鱼雷是最早用于潜艇，并需要发射离艇的武器。早期的发射装置也针对发

射鱼雷武器设计,如栅状管和圆筒形管,这些发射装置都是单管形式,功能单一,只能发射直航鱼雷,结构也非常简单。像栅状管就是单纯的具有栅格的圆管,最多再有一些固定鱼雷的构件,没有发射系统,鱼雷依靠自身动力航行出管。到了圆筒形管,为了提供发射动力就有了发射系统。因而人们称早期的发射装置为鱼雷发射管或鱼雷发射器。

随着鱼雷的发展,鱼雷有了机动航行功能和自动寻的功能,因而也就要求发射管具有相应的航行参数设定、速度设定及自导工作方式设定等功能,发射管就具有了相应的设定仪器。这时,鱼雷发射管才有了完整、确切的定义,那就是"能够存储鱼雷与发射系统配合,可实现鱼雷发射的组件"。随着潜艇的发展和使用鱼雷的战术要求,鱼雷及发射管的自动化程度不断提高,增加了液压传动系统、安全互锁机构和射击控制仪器。射击控制仪器由简单到复杂,由原始到现代,从简单、手动、机械式的控制盒发展到复杂的、自动的、电子的直到微机化的射击控制仪。因此,目前武器发射就不再仅仅是发射管所能圆满完成的任务了。而需要将发射管、瞄准机构、液压传动系统、各种安全互锁机构、射击控制系统等子系统和功能组件组合起来形成一整套机电合一的设备,实现现代化鱼雷及其他水中兵器的发射任务。雷弹发射装置与单一的鱼雷发射装置相比,发射装置的功能更加完善。随着潜艇的发展,武器装备越来越多,却要求武器的发射装置尽可能减少,要求一种发射装置具有多种功能。除发射多种鱼雷外,往往还要求能布放水雷、发射反舰、反潜导弹,发射战略武器——巡航导弹,能发射和回收自主式水下航行器或无人航行器,其功能需要有很大的拓展。今天的发射装置早已突破了发射鱼雷的界限,其名称也改为雷弹发射装置,概念发生了演变,内涵有了扩展。

### 二、雷弹发射装置的组成

潜艇雷弹发射装置的基本组成如下:

(1) 发射管管体:发射装置的发射管管体,除存储武器、引导武器出管外,还是众多发射系统部件、管上机械和设定仪器的安装机座。

(2) 前、后盖及其开闭装置:发射管管体通常处于水下,平时必须以前、后盖将其封闭,以保证舷外海水不进入耐压舱内和使管内的武器处于干保存状态,便于进行维护保养。发射武器时,则必须打开前盖;发射完毕,若需要重新装填,又必须打开后盖。然而,前、后盖的开闭往往有手动和自动两种方式,由于前盖处于耐压舱外,因此还必须依靠传动和开闭装置方可实施操作。另外,发射管的前盖以某种方式与防波板连接,在打开前盖的同时,连带打开防波板,使武器安全出管离艇。

（3）控制与设定装置：控制装置主要是限制武器管内位置偏移的制止器，而设定装置用于设定武器的航行参数、设定速制及自导工作方式等。设定装置早期为机械式设定，目前为通过电连接器和电缆传送设定信息。对于线导鱼雷，也是通过电连接器和线导导线传递遥测遥控信息，以便发射时实现对线导鱼雷的控制。

（4）互锁装置：由于水下发射装置处于水下，必须保证发射管前、后盖不得同时打开，因而必须具有前后盖的互锁机构。另外，为了保证武器发射的安全，在各种发射准备未完成或当艇员误操作时，不能发射武器，水下发射装置具有各种互锁机构。通常通过机械、油路、气路或电路的限制来实现各种互锁要求。

（5）发射系统：任何有动力发射装置，必须具备发射系统。而不同的发射原理，会有不同的发射系统。目前，大多数发射装置采用的仍是以压缩空气为工质的气动发射系统，已经出现了利用电能的电磁式发射系统、利用油压的液压蓄能式发射系统和利用弹性势能的弹性发射系统。发射系统的功能是存储发射工质；按发射武器的弹道要求输送能量，实现工质能量的转换；按不同的发射深度进行能量的控制；按无泡无倾差的发射要求，控制回收废气和定量的海水，保证武器的隐蔽发射和潜艇发射时的可操纵性。

（6）射击控制系统：发射装置通过射击控制系统建立艇上武器系统与作战系统之间的联系，接受武器系统指令，完成对发射装置的操作，反馈执行结果。

（7）发射系统其他相关辅助系统：控制发射管内海水的注疏水系统；为相关部件动作提供液压动力的液压系统；为发射装置的各运动部件提供润滑的润滑系统等。

水下发射装置发射武器前：首先要将发射管与武器之间的环形间隙注满水；然后将舷外海水引入其中，使管内压力与舷外压力均衡，便于开启发射管前盖。在发射完毕后，需将管内的海水排出，便于重新装填武器。因此，发射装置具有注疏水阀及管路、通气、均压阀及管路，这些阀与管路分别与艇上的各种水舱、气路相连，它们属于艇上注疏水及中、低压空气系统的一部分。

另外，发射装置的自动操作，多数依靠电器、液压机构完成，因而具有很多电液转换、控制及执行元件，如电液伺服阀、液压开关、液压缸及液压管路等，而液压源则由潜艇供给。

为了润滑发射装置的各运动部件，发射装置设有滑油分配器及润滑管路，而润滑油及滑油泵则属于全艇润滑系统。

以上所属是各种水下发射装置都应该具有的组成系统或组件，而针对具体的各型水下发射装置，它的各系统组成则会繁简各异、各具特色。

**助学资源** 军事职业教育平台/慕课走近潜艇武器/第二章潜艇武器发射技术/第一节始知出真相/知识点2 潜艇武器发射装置基本组成和工作原理

### 三、雷弹发射装置的分类

随着潜艇的发展和潜艇武器的多样化，潜艇发射装置发射的武器已经不仅仅局限于鱼雷，导弹、水雷甚至水下无人航行器都进入了潜艇武器的行列，发射装置承担的任务也越来越多元化。单一的水平发射已经不能满足潜艇执行作战任务的需要，特别对于装载潜地战略导弹的弹道导弹核潜艇，根据战略导弹的结构特点和发射原理，通常采用垂直发射装置。潜艇武器发射装置已经发展为结构类型多样、使命任务多元的综合武器系统。潜艇武器发射装置分类如下：

#### （一）按发射原理分类

发射过程最本质的一点就是将发射工质的能量转化为武器的动能，所谓发射原理就是指发射武器时所采用的能量转化方式。潜艇发射装置有平衡式和不平衡式两种发射原理。由发射工质所产生的力，如果直接作用在管内武器上，则它除了提供武器出管动能及克服一些阻力做功外，还有相当大的一部分必须用来克服武器在发射深度处所受到的海水静压力。并且，为此消耗的能量随着发射深度的增大而增加。通常以这种原理进行的发射称为不平衡式发射；如果在发射动力系统中引进舷外海水压力或在管中武器的后端引进发射深度处的舷外海水，使武器在发射过程中前后都受到海水静压力，则发射工质就不必为克服武器所受到的背压而做功，也就是说，发射过程所需的能量与发射深度无关。以这种原理进行的发射称为平衡式发射。

根据发射装置发射时采用的能量转换方式，目前潜艇发射装置可分为气动不平衡式和水压平衡式。其中，水压平衡式发射装置又可分为往复泵式、旋转泵式、弹性式和自航式发射装置等。

#### （二）按发射动力分类

要将发射管中武器发射离管必须提供推力。推力可以是外加的力，由发射系统提供，也可以依靠管中武器自身的动力源产生。通常将依靠外力进行的发射称为有动力发射；而将依靠武器自身动力产生推力使武器航行出管的发射称为无动力发射。

### （三）按发射姿态分类

潜艇武器发射姿态可分为水平式和垂直式。

#### 1. 水平式

潜艇武器如鱼雷、水雷和反舰导弹一般都采用水平发射装置，这是因为潜艇的主要武器鱼雷采用水平航行方式，且水平发射系统便于重新装填武器。

#### 2. 垂直式

垂直发射装置一般用于发射弹道导弹和巡航导弹。垂直发射装置结构紧凑简单，即使导弹推重比小，也能保证正常发射离开水面。使用垂直式发射装置，导弹发射过程中动力损失小，所需发射面积较小，燃气流有害作用距离小，适合布置在空间有限的潜艇上，完成导弹发射。垂直式发射装置无法进行水下重装，发射完成后，只有返回潜艇基地才能再次装填武器。

> **助学资源** 军事职业教育平台/慕课水中兵器发射技术/第一章水中兵器发射技术基础知识/第一节水中兵器发射技术基础知识/知识点2 潜艇武器发射装置分类

## 第四节　典型潜艇武器发射技术

外军主战潜艇采用的发射技术特点鲜明，武器发射种类多，发射能量控制方式灵活。解读这些先进潜艇发射武器所使用的典型技术，找到其优势和短板，在学习水平发射典型技术的同时，有助于深入了解强敌对手，做到知己知彼，时刻不忘备战打仗。

### 一、气动不平衡式发射技术

气动不平衡式发射技术是指在发射过程中，发射系统依靠储存在高压气瓶内的压缩空气进入发射管，推动武器出管离艇。气动不平衡式发射装置工作原理：把待发武器装填在带有前盖和后盖的密封圆筒形发射管中，在发射前打开前盖，然后根据命令打开发射开关，使储存在发射系统的高压空气瓶（又称发射气瓶）中的压缩空气进入发射管中武器的尾部，在武器尾部周围压缩空气膨胀做功，把管内武器和武器周围的海水一起挤出发射管（图1-4-1）。为了保证潜艇的隐蔽性，不允许气泡溢出发射管外而暴露潜艇在水下的位置，同时要求发射武器（单射或齐射）后的潜艇姿态基本不变，根据这些要求，采用气动不平衡式发射技术的潜艇通常会在发射过程中，将发射管中的部分海水和空气回收到潜艇舱室内部，来保证发射隐蔽性和均衡潜艇重量。回收的压缩空气会引起舱室增压，一旦增压幅度过大，艇员将无法承受。气动不平衡式发射技术较早应用于潜艇上，优点是装备体积小、重量轻，但随着发射深度的增大，所需发射能量迅速增加。因此，为了增大发射深度，就必须加大发射气瓶的容积和工作压力，这将导致发射后舱内瞬时压力随着深度的加大而迅速增加，对艇员健康造成严重影响，因此潜艇发射深度受限。所以，其最大发射深度通常为 80~100m。俄罗斯采用遥控遥测、隔舱发射及控制发射过程中废气排放进舱内速率等办法对气动不平衡发射技术进行改进，研制出了 RC-240 型气动无泡式发射装置，装备在基洛级潜艇上，其发射深度达到 240m。

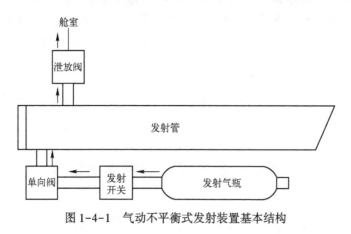

图 1-4-1　气动不平衡式发射装置基本结构

## 二、往复泵液压平衡式发射技术

随着核潜艇的出现，潜艇的航速和潜深等性能大大提高，为了适应潜艇水下作战的需求，发射技术必须与所配置的潜艇相适应。美国花费巨大的人力和物力，于 20 世纪 50 年代末期研制出能在水下 300~600m 深度发射鱼雷的新型发射技术——往复泵液压平衡式发射技术。随后不断予以改进并提供给英国、日本及其他盟国，如 1967 年服役的美国"鲟鱼"级攻击型核潜艇、1976 年服役的"洛杉矶"级攻击型核潜艇，20 世纪 70 年代末到 80 年代，苏联建造的"台风"级核潜艇上都采用的是液压平衡式发射技术。

采用液压平衡式发射技术设计的发射装置结构如图 1-4-2 所示，其基本原理是在气动不平衡式发射装置中增加了一个水压平衡系统，以便让待发射的武器后部也受到舷外海水压力，使得在发射过程中当武器向前运动时原来作用在头部的海水背压被作用在尾部的背压抵消，这样，在发射过程中所需要的发射能量——压缩空气的压力和容积保持定值,不再随发射深度的增大而增多。这就是所谓的"平衡式发射",也称为"平衡发射原理"。

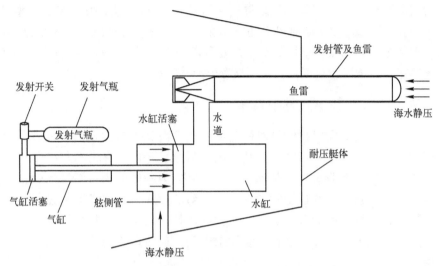

图 1-4-2 往复泵液压平衡式发射装置基本结构

往复泵液压平衡式发射技术利用压缩空气作为动力,驱动单轴双头活塞运动,活塞一端位于气缸内,另一端位于水缸内,中间以活塞杆相连。压缩空气驱动活塞完成类似往复泵的运动,将水缸中的水推入发射管,推动武器出管。由于采用了平衡发射的原理,使所消耗的发射工质能量基本上保持定值,因而能在航行深度不大于600m的大中型潜艇上配置。该发射技术较好地解决了潜艇在水下大深度发射鱼雷等武器的技术难题。但由于采用了往复活塞式的工作原理,水缸和气缸的结构尺寸比较庞大,其安装要求较高。在100m以上的大深度发射时,由于气缸、水缸和发射管分别安装在不同的部位,艇体变形难免要影响发射过程的正常进行。

## 三、自航式发射技术

自航式发射技术是潜艇鱼雷发射技术的始祖。自航式发射技术是指鱼雷等有动力武器在发射管内启动动力装置,依靠自身动力航行出管。一般主要发射电动力武器,如电动力鱼雷。由于在武器发射的过程中,需要不断地从发射管的前端向武器的尾部补水,因此采用这种发射技术的发射管内径要比武器的外径大。目前,装备应用的自航式发射管主要有两种:一种以美国、日本为代表,采用等截面533mm标准口径发射管,发射直径482mm的小型鱼雷;另一种以德国、意大利为代表，采用专门的大口径、变截面发射管发射标准的533mm鱼雷。后者代表了当今自航式发射技术的较高水平和发展趋势。例如，意大利海军装备于"萨乌罗"级常规潜艇的B512型自航式发射装置，德国海军装备在206型、209型潜艇上的德国克虏伯·玛克公司研制的MAK型自航式发射装置。其优点是结构简单、性能可靠、占用舱室空间小、发射噪声低。最大缺点是鱼雷出管速度低，且不能发射无动力武器。

### 四、空气涡轮泵式发射技术

空气涡轮泵式发射技术是对往复泵液压平衡式发射技术进行改进和发展的产物。往复泵液压平衡式发射技术的发射过程是储存在发射气瓶中的高压气体进入气缸中膨胀做功，带动与气缸活塞连为一体的水缸活塞运动，利用海水的不可压缩性使武器出管离艇。在发射的过程中，要求流入发射管里的海水量必须与待发射的武器的排水量相同才行。依据这种技术设计的发射装置自然比较庞大和笨重，而且安装要求颇高，仅适用于吨位较大的潜艇配置使用。

20世纪70年代末，英国海军部科学研究中心提出了对潜艇上所使用的往复泵液压平衡式发射装置的改进要求。经过剑桥咨询公司的可行性研究，由英国史达臣·亨晓公司开发研制了空气涡轮泵式发射技术。该技术的基本运动部件是一台空气涡轮泵，它由一个程控发射阀控制。发射用的海水是由空气涡轮泵从舷外吸进，舷外海水的吸入使水舱的海水增压，抵消武器头部受到的舷外海水压力。发射过程的能量控制靠程控发射阀来完成。根据发射时间，程控发射阀调节由高压空气瓶提供给空气涡轮的空气流量。空气涡轮直接驱动海水泵，因而提供给它的空气量直接影响发射回路中水的流量和武器发射速度的分布。发射过程中，海水泵通过安装在靠近发射管后部的进水阀将舷外海水泵入发射管，推动武器离管。空气涡轮泵发射装置基本结构如图1-4-3所示。

采用该技术潜艇耐压舱内结构布置比较简便，省掉了结构尺寸庞大和笨重的气缸和水缸等组件，既节省空间，又可直接利用海水的静压力作为水泵的进口压力，这使得在发射过程中作用在武器头部和尾端的海水静压力基本相同，由于作用方向相反而相互抵消。其结果就使发射武器所需的能量为定值，与发射深度无关。这就满足了潜艇在最大工作深度范围内任意航行深度上的作战需要。在20世纪70年代末至90年代建造服役的美英最新一代潜艇上大多选用了空气涡轮泵式发射技术，如美国的"俄亥俄"弹道导弹核潜艇、"海狼"攻击型核潜艇和"决心"级弹道导弹核潜艇。

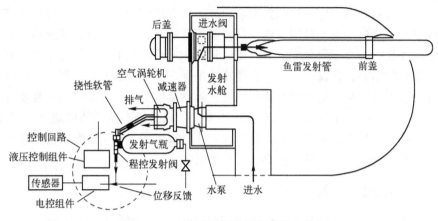

图 1-4-3 空气涡轮泵发射装置基本结构

## 五、弹性发射技术

弹性发射技术属于平衡式发射方式。发射准备时，水泵在电机驱动下向水舱泵水，使弹性体膨胀蓄积发射所需的能量。当发射水舱压力达到规定值时，关闭水泵。发射时按照预先设定的控制规律开启安装在发射管上的快速启闭水阀，弹性体迅速回弹，把水挤入发射管后段，推动武器出管。采用该型技术的发射系统主要由水舱、弹性体、水泵、电机、快速启闭水阀、发射管等组成。弹性发射装置基本结构如图 1-4-4 所示。

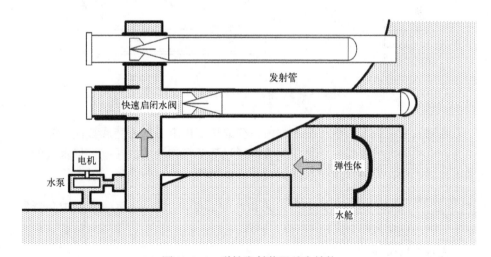

图 1-4-4 弹性发射装置基本结构

弹性发射技术不以高压气作为动力源，没有排气噪声；同时，弹性体作为弹性发射系统的储能和释能组件，高分子聚合物材料的特性决定了其有一定的吸振降噪作用，在一定程度上减少了发射过程噪声的辐射。而且由于采用弹性体代替金属活塞，在发射时不存在活塞冲击噪声，消除了发射过程中的机械冲击噪声。另外，从发射能量消耗的角度，弹性体以橡胶曲面的弹性应变能作为发射的能源，减少了系统流动损失的环节，且该系统不消耗回程能量。因此，弹性发射技术使用发射能量少，发射噪声小，在发射过程中具有较高的能量利用率，是一种全新的、特点突出的蓄能发射技术。

## 六、电磁发射技术

电磁发射系统以电能取代传统的压缩空气作为发射能源，具有许多独特的优点，如无舱室增压、回程时间短、连续发射间隔时间短、无排气噪声、一次储能多次发射等。电磁发射系统主要由超导储能器、功率控制器、电磁推力装置（包括对极磁体、梯形线圈、电枢动子等）、水缸、发射水舱、水缸活塞和发射管等组成，如图1-4-5所示。

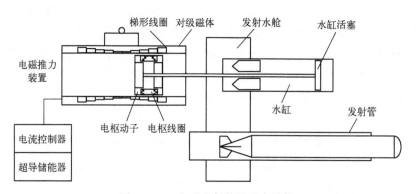

图1-4-5 电磁发射装置基本结构

电磁发射装置采用液压平衡发射系统原理。由电磁推力装置替代气瓶产生推力，电磁推力装置是一个直线电机，通过活塞杆拖动水缸活塞，将水缸的水推入发射水舱，发射水舱的水同时被推入发射管，从而将武器发射出管。

**助学资源** 军事职业教育平台/慕课水中兵器发射技术/第一章水中兵器发射技术基础知识/第一节水中兵器发射技术基础知识/知识点3 水平发射典型使用方式及典型装备

### 七、燃气-蒸汽垂直发射技术

燃气-蒸汽垂直发射技术主要用来发射潜地战略导弹，如三叉戟ⅡD5。纵观导弹垂直发射技术的发展历史，从做功的工质来看，走过了从压缩空气到燃气-蒸汽的历史。燃气-蒸汽垂直发射技术之所以取代压缩空气式发射技术，是由于采用燃气-蒸汽式发射技术发射内弹道稳定，并且可以利用喷入燃气流中的冷却水多少调节有用能量，实施变深度发射。从结构上讲，随着导弹重量的增加，所需弹射力提高，采用压缩空气式发射技术动力系统需要庞大的气瓶，供气系统复杂，维护也不方便，而燃气-蒸汽发射技术则克服了这些缺点。发射时点燃药柱，药柱按照设计的规律燃烧产生高温、高压燃气，燃气由动力产生器的喷管喷出，经过能量调节装置输气管进入发射筒。与此同时，能量调节装置中的喷水机构将冷却水喷入主燃气流，由于高温燃气与冷却水间的热交换，冷却水不断汽化，从而形成燃气与蒸汽的混合气体，在发射筒内形成一定的压力，推动导弹按预定的内弹道规律运动，将导弹安全、可靠地弹射出发射筒。

通过以上分析可知，燃气-蒸汽发射技术通过调节喷水量，可以有效地改变燃气与蒸汽混合气体工质的有用能，进而调节导弹的内弹道和发射筒内的流场情况，是实施能量可调发射的一种有效方法。能量可调发射技术是当代最先进的发射技术，其出筒速度范围较宽，通过调节喷入的冷却水量的多少调节燃气与蒸汽混合气体工质作用于导弹的有用能，使导弹的出筒速度处于最佳设计范围内。

通过比较分析可以发现，典型发射技术的发展过程就是不断发现缺点、改进设计的过程。不存在完美的发射技术，也没有"包打天下"的发射技术，只有深入了解技术自身的优、缺点，才能在战术使用上扬长避短，在技术发展上不断创新，真正实现理技融合、战技一体。

## 小　结

本章从技术的内涵出发，沿着历史发展的纵向逻辑，系统阐述了潜艇雷弹武器水下发射技术的发展概况，归纳总结了雷弹发射的任务、方法和主要技术。为了将技术与实践相结合，重点介绍了潜艇水中兵器发射技术的关键载体——发射装置的相关概念，并对典型发射技术及其装置原理进行了详细说明，为后续章节针对典型发射技术的深入学习奠定理论基础。

## 思考与练习

**记 忆**

1. 潜艇发射装置由哪些子系统组成？
2. 燃气-蒸汽垂直发射装置的主要原理是什么？

**理 解**

平衡式发射装置和不平衡式发射装置的主要区别是什么？

**分 析**

比较典型发射技术的优、缺点。

**评 估**

评估国内外先进潜艇的武器发射性能水平。

**创 造**

设计多种典型发射技术综合使用的方法。体会指技融合的重要性，总结指挥武器发射过程实现指技融合的方法。

# 第二章 发射安全性分析

**本章导读**：无论是垂直发射还是水平发射都必须考虑武器发射过程的安全性，主要确保武器发射离开潜艇过程中不能与艇体发生碰撞，武器离开潜艇后在初始程控航行阶段运动参数符合武器设计要求。由于垂直发射涉及气-液两相流计算和超空泡运动等复杂理论，所以本章重点以水平发射为例，研究发射安全性分析的方法。水平发射的武器在离开发射管后，需要完成中间弹道即从潜艇耐压壳与非耐压壳之间的空间穿过才能完全离开潜艇。接着，进入外弹道初始阶段，初始弹道是指武器离开发射装置后至武器进入稳定航行状态前的一段弹道。在初始弹道阶段，武器的运动参数都在不断发生变化，甚至剧烈变化，运动的非定常性是武器初始弹道的一个重要特点。然而，初始弹道的安全性是潜艇发射武器过程成败与否的最终检测标准，顺利完成外弹道初始阶段，并满足武器安全检测点的指标要求，才可以称为完成安全发射。因此，中间弹道的运动稳定性决定了武器能否在保障本艇安全的前提下正常离艇，外弹道初始阶段程控弹道的完成效果决定了武器发射安全性。对于发射技术而言，中间弹道和外弹道初始阶段弹道虽然运动模型比较简单，但对发射过程的安全性却有着至关重要的影响。

为完成发射安全性分析，本章主要介绍中间弹道的定义、武器通道结构，计算中间弹道对武器运动的安全要求，并推导武器中间弹道运动模型。据此模型，对中间弹道的运动过程进行了仿真分析。初始弹道安全性主要考虑武器按照一定的发射初始条件在铅垂平面内的袋深和武器姿态变化，从而检测武器是否存在触底和姿态失稳的风险。本章通过对武器进行受力分析，联立动量方程和运动方程，建立初始弹道仿真模型。在此基础上，通过对铅垂平面的初始弹道进行仿真分析，论证初始弹道发射安全性。通过本章的学习，将理解不同阶段弹道的定义，学会利用仿真分析方法论证发射安全性，掌握利用数学模型解决实践问题的思路。本章导读思维导图如图 2-0-1 所示。

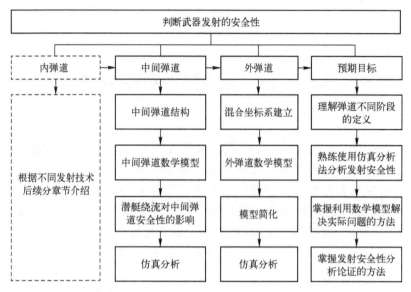

图 2-0-1　发射安全性分析导读思维导图

## 第一节　仿真分析技术概述

仿真技术作为一门独立的学科已经有 50 多年的发展历史，它广泛应用于航天、航空和各种武器系统的研制领域。计算机仿真技术很早就开始应用于武器研发领域，且随着计算机科学的发展，仿真技术已经从最初的仿真程序，发展到 MATLAB/SimuLink 的图形建模仿真环境，功能有了很大的提高。

仿真技术是一门多学科的综合性技术，它以控制论、系统论、相似原理和信息技术为基础，以计算机和专用设备为工具，利用系统模型对实际的或设想的系统进行试验。美国国防部则将仿真技术定义为"建立系统、过程、现象和环境的模型（物理模型、数学模型或其他逻辑模型），在一段时间内对模型进行操作，应用于系统测试、分析或训练，系统可以是真实系统或由模型实现的真实和概念系统"。

仿真技术是一项国防关键技术，将其应用于武器装备的研制过程，可以充分检验研制过程中的设计方案和性能指标的合理性，避免出现方案的不合理现象，缩短武器装备的研制周期，减少研制经费，提高研制效率，以较低的代价提高武器装备的战术性能。

仿真包括数字仿真及物理仿真两种技术手段，本书重点使用数字仿真技术。

数字仿真是以数学方程相似为基础的仿真方法，它是用数学方式来表示仿真的对象。数学仿真的基本步骤如下：

（1）根据试验的目的建立系统的数学模型。

（2）根据数学模型的特点选择合适的计算机作为仿真工具。

（3）将数学模型表示成计算机能接受的形式（称为仿真模型），并输入计算机。

（4）对输入计算机的仿真模型精心计算，并记录系统中各状态量的变化情况。

（5）输出试验结果，产生试验报告。

与物理仿真相比，数字仿真的主要优点是通用性强，通过计算配以不同的仿真软件，就可以对不同类型的系统进行仿真试验。

在实验室进行发射装置的模拟试验是在发射装置研发各阶段的重要科研活动。能量瞬时转换和释放的特性决定了水下发射系统是比较复杂的动力学系统，相比较于物理仿真试验的高消耗和高风险性，仿真试验费用较低，风险可控，参数采集分析方便，可进行发射状态的快速调整以及可在短时间内进行多次重复。

## 第二节　武器发射中间弹道安全性仿真分析

从潜艇武器试验弹道学的观点出发，武器从发射到航行终了，武器的运动轨迹称为弹道。为了分析计算方便，通常把武器的弹道分为内弹道、中间弹道和外弹道。内弹道是指发射时武器从发射管后部运动至内弹道结束点的轨迹。中间弹道是指武器从内弹道结束点至通道口处的运动轨迹。外弹道是指武器从通道口处至航行终了的运动轨迹。

武器发射通道为发射管前端至潜艇非耐压艇体内的空间，此空间为潜艇透水部分，空间内充满海水。当发射的武器完全脱离发射管对其约束并获得一定出管速度时，武器完全浸没海水之中，潜艇平台发射的武器将在惯性的作用下继续向前运动。此时，武器本身动力系统尚未完全启动，还处于非受控状态，这期间由于武器正浮力或负浮力的作用，武器开始下沉或上浮，同时武器还受到水流的冲击作用，在水平面内也能产生左右偏离运动，这就要求武器在发射管前端口外的通道内运动时不能与潜艇平台相碰。由于武器在中间弹道受潜艇艇速及发射通道内流场影响较大，为了保证中间弹道的安全性，运动轨迹不能与潜艇平台部分发生相交。这样：一方面保证武器安全地通过通道，防止和上下平台或者减阻板碰撞；另一方面又能保证武器安全地由非稳定运动阶段过渡到稳定运动阶段，即保证武器最初航行阶段在深度上运动的操纵性，不至于产生过大的袋深或者跳水，尽快地进入预定的弹道航行。中间弹道的安全性与内弹道的武器出管速度有直接的关系。当发射速度较大时，中间弹道对发射安全性的影响并不显著，而当发射速度降低时，中间弹道对发射的安全性则会有决定性影响，事物的联系要在一定条件下才会显现出来，考虑中间弹道对安全性的影响，就必须重点关注其联系的条件——发射速度。

## 一、武器通道结构

在通道内有上、下平台，在通道口处为保持潜艇外壳的完整性，减少航行阻力，安装有减阻板。减阻板的打开和关闭，通常由前盖的传动装置驱动。武器出管后不仅在垂直面运动，在水平面也能产生偏离运动。为了保证发射武器时潜艇的安全，实践中通常将通道加工成一个以 18:1 为比例向外扩展的圆锥体，在这个圆锥体内不布置潜艇任何其他零部件，这个区域被称为潜艇凹龛区，圆锥体的锥度通常称为战斗锥度。武器离艇时，若武器在此战斗锥度内并离锥面有适当距离，则能够保证其发射安全；否则就有与艇相碰撞的危险。由于潜艇外形的不同，目前武器通道口的结构分为缺口形和孔洞形两种，如图 2-2-1~图 2-2-3 所示。因此，致使减阻板的形状和驱动方式也不尽相同，各国在技术实现时也有差异，但其指导思想和原则是相同的。

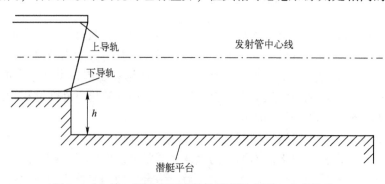

图 2-2-1　缺口形武器通道结构原理示意图（垂直平面）

以 $L_0$ 作为边界点，当长度 $L_0<900\text{mm}$ 时，侧导轨表面与防波板之间的距离不小于 $a_0$；当长度 $L_0>900\text{mm}$ 时，侧导轨表面与防波板之间的距离以 1:18 的战斗锥度增加，即

$$a_{i+1}=a_i+\frac{1}{18}\Delta L \tag{2-2-1}$$

由于发射管安装位置的差异，导致不同发射管战斗锥度不尽相同。孔洞形

武器通道,战斗锥度为1:9,即从导轨工作面的延长线方向按1:9的比例增加,增加量按下式计算,即

$$a_i = \frac{1}{9}\Delta L \quad (i=0,1,2,\cdots,n) \tag{2-2-2}$$

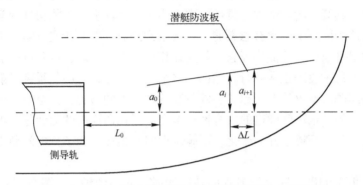

图 2-2-2　缺口形武器通道结构原理示意图（水平平面）

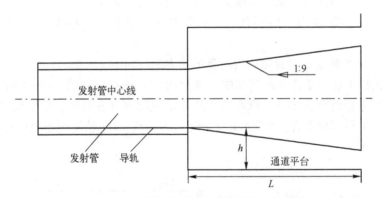

图 2-2-3　孔洞形武器通道结构原理示意图

不管是缺口形还是孔洞形武器通道,在相应的战斗锥度内不应布置任何零部件,以保证发射时潜艇和武器的安全。

**助学资源** 军事职业教育平台/慕课水中兵器发射技术/第二章潜艇水平发射安全性分析/第一节中间弹道/知识点1中间弹道定义

## 二、中间弹道运动模型

发射管前盖与防波板结构上有联动关系,使该区域结构比较复杂;从潜艇结构上讲,它本身就是透水区域,而当发射武器时,发射管前盖及防波板呈开

启状态，潜艇一般又具有一定的航速，在这一有限区域内的水流情况很复杂。以鱼雷为例，鱼雷刚出管时，它的动力系统刚刚启动，螺旋桨只微速旋转，主机仅发出约2%的功率。此时，鱼雷凭出管速度在极其有限的推力、迎面阻力、正或负浮力、水动力及流体搅动力的作用下，在这个有限而复杂的流场里做非操纵运动，其真实的运动太过复杂，迄今为止在理论上尚未能很好地解决。但是，解决这个问题是非常有意义的，它关系到潜艇发射装置究竟需要提供给武器多大的出管速度，才能保证它不与艇体相碰，安全离艇，以及离艇后从非操纵段运动平稳过渡到正常航行。然而，这个出管速度的大小关系到发射装置设计全局的问题，不仅是能量储备、发射装置在艇上的布置，甚至牵扯到发射的原理方案。为确定中间弹道的安全性，考虑武器在通道内的运动是一项非常复杂的运动，随着环境条件的变化，不确定性因素很多。为了分析问题方便做以下假设。

（1）武器的尾部脱离发射管的前端面时，武器的轴线与发射管的轴线重合，武器只是在浮力（正浮力或负浮力）的作用下运动。

（2）武器的推力忽略不计，只在惯性力的作用下，沿着发射管的轴线运动。

（3）由潜艇速度引起通道内的流体动力参数均不予考虑。

根据以上假设条件，武器在中间弹道内运动示意图如图2-2-4所示。坐标设置取静止坐标系 $XOY$，原点 $O$ 取在武器尾部离开发射管管口瞬间的位置，且与武器下角点相重合。$OX$ 轴平行于武器的轴线，$OY$ 轴垂直于 $OX$ 轴且方向向下。

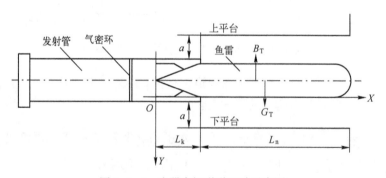

图 2-2-4 武器中间弹道运动示意图

中间弹道的安全要求主要考虑武器在浮力作用下的下沉量或上浮量，防止其与潜艇平台相撞，由于潜艇发射的武器通常为负浮力，考虑在负浮力下其重心运动的方程为

$$m_x \frac{\mathrm{d}v_x}{\mathrm{d}t} = -R_x \tag{2-2-3}$$

$$m_y \frac{\mathrm{d}v_y}{\mathrm{d}t} = (G-F) - R_y \tag{2-2-4}$$

式中 　$m_x$、$m_y$——在 $OX$、$OY$ 方向武器及其附连的水的质量；

　　　　$G$——武器重量；

　　　　$F$——武器浮力；

　　　　$R_x$——武器迎面阻力，$R_x = \frac{1}{2}C_x \rho v_x^2 S_\mathrm{m}$，其中 $C_x$ 为武器迎面阻力系数，$\rho$ 为海水密度，$S_\mathrm{m}$ 为武器湿表面积；

　　　　$R_y$——武器下沉阻力，$R_y = \frac{1}{2}C_y \rho v_y^2 S_y$，其中 $C_y$ 为武器,下沉阻力系数，$S_y$ 为武器纵剖面积。

将 $R_x$、$R_y$ 代入式（2-2-3）、式（2-2-4），则运动方程组可以改写成

$$m_x \frac{\mathrm{d}v_x}{\mathrm{d}t} = -R_x = -C_x \rho \frac{v_x^2}{2} S_\mathrm{m} \tag{2-2-5}$$

$$m_y \frac{\mathrm{d}v_y}{\mathrm{d}t} = (G-F) - R_y = (G-F) - C_y \rho \frac{v_y^2}{2} S_y \tag{2-2-6}$$

令 $\frac{G-F}{m_y} = A^2$、$\frac{C_x \rho S_\mathrm{m}}{2m_x} = D$、$\frac{C_y \rho S_y}{2m_y} = B^2$，将其代入式（2-2-5）、式（2-2-6），可得

$$\frac{\mathrm{d}v_x}{\mathrm{d}t} = -Dv_x^2 \tag{2-2-7}$$

$$\frac{\mathrm{d}v_y}{\mathrm{d}t} = A^2 - B^2 v_y^2 \tag{2-2-8}$$

对式（2-2-7）、式（2-2-8）积分计算，可得

$$t = -\frac{1}{D}\int \frac{\mathrm{d}v_x}{v_x^2} + c_1 = \frac{1}{Dv_x} + c_1 \tag{2-2-9}$$

$$t = -\frac{1}{D}\int \frac{\mathrm{d}v_y}{A^2 - B^2 v_y^2} + c_2 = \frac{1}{2AB}\ln \frac{\frac{A}{B} + v_y}{\frac{A}{B} - v_y} + c_2 \tag{2-2-10}$$

当 $t=0$ 时，$v_x=v_B$，$v_y=0$，$v_B$ 为武器离开发射管瞬间的绝对速度。

联立式（2-2-9）、式（2-2-10）求得积分常数 $c_1=-\dfrac{1}{Dv_B}$，$c_2=0$。

将求得的积分常数 $c_1$ 和 $c_2$ 分别代入式（2-2-9）、式（2-2-10），可得

$$v_B=\frac{v_x}{1-Dv_x t} \tag{2-2-11}$$

$$t=\frac{1}{2AB}\ln\frac{\dfrac{A}{B}+v_y}{\dfrac{A}{B}-v_y} \tag{2-2-12}$$

又因为 $\dfrac{dv_x}{dt}=\dfrac{dv_x}{dx}\dfrac{dx}{dt}=-Dv_x^2$，$\dfrac{dx}{dt}=v_x$，所以

$$\frac{dv_x}{dt}=-Dv_x \tag{2-2-13}$$

对式（2-2-13）积分得到

$$x=-\frac{1}{D}\ln v_x+c_3 \tag{2-2-14}$$

当 $t=0$ 时，$v_x=v_B$，积分常数 $c_3=\dfrac{1}{D}\ln v_B$，故

$$x=-\frac{1}{D}\ln v_x+\frac{1}{D}\ln v_B=\frac{1}{D}\ln\frac{v_B}{v_x} \tag{2-2-15}$$

$$v_x=v_B e^{-Dx} \tag{2-2-16}$$

将式（2-2-16）代入 $v_B=\dfrac{v_x}{1-Dv_x t}$，整理可得

$$v_B=\frac{e^{Dx}-1}{Dt} \tag{2-2-17}$$

又因为

$$\frac{dv_y}{dt}=\frac{dv_y}{dy}\frac{dy}{dt}A^2-B^2 v_y^2 \tag{2-2-18}$$

$$\frac{dv_y}{dy}=\frac{A^2-B^2 v_y^2}{v_y} \tag{2-2-19}$$

所以

$$dy=\frac{v_y dv_y}{A^2-B^2 v_y^2} \tag{2-2-20}$$

对式（2-2-20）积分可得

$$y = -\frac{1}{2B^2}\ln\left(\frac{A^2}{B^2} - v_y^2\right) + c_4 \qquad (2\text{-}2\text{-}21)$$

当 $t=0$ 时，$y=0$，$v_y=0$，$c_4 = \frac{1}{2B^2}\ln\frac{A^2}{B^2}$，将其代入式（2-2-21）可得

$$\begin{cases} y = -\dfrac{1}{2B^2}\ln\dfrac{1}{1-\dfrac{B^2}{A^2}v_y^2} \\ v_y^2 = \dfrac{A^2}{B^2}(1-e^{-2B^2 y}) \end{cases} \qquad (2\text{-}2\text{-}22)$$

**助学资源** 军事职业教育平台/慕课水中兵器发射技术/第二章潜艇水平发射安全性分析/第一节中间弹道/知识点2 中间弹道建模（一）

### 三、中间弹道发射安全性分析

由以上中间弹道运动微分方程的解，可分为两种情况分析发射安全性。

（1）已知潜艇武器通道的结构参数，求能保证武器安全发射出管速度 $v_b$。

已知武器通道高度——发射管下导轨上平面至平台的距离为 $y=a$，平台计算长度为 $L_j$，发射时的艇速为 $v_j$，求保证安全发射的武器出管速度，方程组如下：

$$\begin{cases} v_y = \dfrac{A}{B}\sqrt{(1-e^{-2B^2 y})} \\ t = \dfrac{1}{2AB}\ln\dfrac{\dfrac{A}{B}+v_y}{\dfrac{A}{B}-v_y} \\ x = v_j t + L_j \\ v_B = \dfrac{e^{Dx}-1}{Dt} \\ v_b = v_B - v_j \end{cases} \qquad (2\text{-}2\text{-}23)$$

（2）已知武器出管速度 $v_b$、发射艇速 $v_j$，求武器在纵平面的运动轨迹。对以上得出的微分方程的解做适当变换。

由 $v_B = \dfrac{e^{Dx}-1}{Dt}$，可得 $t = \dfrac{e^{Dx}-1}{Dv_B}$。

由 $t = \dfrac{1}{2AB}\ln\dfrac{\dfrac{A}{B}+v_y}{\dfrac{A}{B}-v_y}$，可得

$$v_y = \dfrac{1}{2AB}\ln\dfrac{Ae^{2ABt}-1}{Be^{2ABt}+1} \tag{2-2-24}$$

将式（2-2-24）代入 $y = -\dfrac{1}{2B^2}\ln\dfrac{1}{1-\dfrac{B^2}{A^2}v_y^2}$，整理后可得

$$y = \dfrac{1}{B^2}\ln(chABt) \tag{2-2-25}$$

① 当潜艇静态发射武器时，即 $v_j = 0$，$v_B = v_b$ 时，有

$$t = \dfrac{e^{Dx_T}-1}{Dv_B} \tag{2-2-26}$$

式中　$L_n$——发射平台长度；
　　　$L_k$——武器尾锥段长度；
　　　$x_T = L_n + L_k$。

发射安全条件为

$$y = \dfrac{1}{B^2}\ln\left(chAB\,\dfrac{e^{Dx_T}-1}{Dv_B}\right) \leqslant a \tag{2-2-27}$$

② 当潜艇动态发射武器时，即 $v_j \neq 0$，$v_B = v_b$ 时，有

$$x = x_j + x_T = v_j t + x_T \tag{2-2-28}$$

式中　$x_j$——潜艇的运动距离。

由 $t = \dfrac{e^{Dx}-1}{Dv_B}$ 难以直接求出时间 $t$ 值，可将 $t$ 作为自变量进行表达式变换，可得

$$e^{Dx} = Dv_B t + 1 \tag{2-2-29}$$

等式两边取对数可得

$$\ln e^x = \dfrac{1}{D}\ln(Dv_B t + 1) \tag{2-2-30}$$

$$x_T + v_j t = \dfrac{1}{D}\ln(Dv_B t + 1) = \dfrac{1}{D}\ln(D(v_b + v_j)t + 1) \tag{2-2-31}$$

式中 $x_T$、$v_j$——时间 $t$ 内潜艇运动的距离和武器相对于潜艇运动的距离。

所以

$$x_T = \frac{1}{D}\ln(Dv_Bt+1) - v_jt = \frac{1}{D}\ln(D(v_b+v_j)t+1) - v_jt$$

$$y = \frac{1}{B^2}\ln(chABt) \qquad (2\text{-}2\text{-}32)$$

**助学资源** 军事职业教育平台/慕课水中兵器发射技术/第二章潜艇水平发射安全性分析/第一节中间弹道/知识点 3 中间弹道建模（二）

## 四、考虑横向扰流情况下中间弹道运动安全性分析

**1. 发射管在艇艏的布置及受力分析**

在武器发射时，由于发射管与潜艇表面有交角而非垂直，因此，潜艇处于水下巡航状态发射鱼雷时，武器除受到迎面阻力外，还有由侧向绕流分量产生的侧向阻力，因此武器受合成力的作用，如图 2-2-5 所示。武器在发射出管过程以及出管后的运动过程中，周围的流场为三维流场，其计算极为复杂。由于在武器发射过程中，其周围的流场起决定性的部分是迎面来流和绕武器的平面绕流，故简化为垂直于雷体方向的绕流和沿武器轴线方向的来流。潜艇艏部为旋转体，潜艇在发射管的水平和垂直两个切面的切线角近似相等。

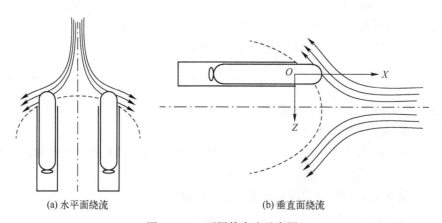

(a) 水平面绕流　　　　　(b) 垂直面绕流

图 2-2-5　下层管来流示意图

## 2. 水流对武器的作用

水流对武器的作用主要由迎面来流阻力（平行于武器纵轴）和横向绕流阻力（垂直于武器纵轴）两部分构成。迎面来流阻力的情况可通过相似运动体的受阻情况（迎面阻力系数）来近似。由于武器可近似为圆柱体，圆柱的横向绕流状态如图 2-2-6 所示。

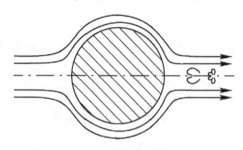

图 2-2-6　水流体对雷体的绕流作用

武器所受水流的力和力矩来源于迎面来流阻力、横向绕流阻力和负浮力的作用。迎面阻力的表达式为

$$R_\mathrm{f} = \frac{1}{2} C_\mathrm{f} A \rho v_2^2 \qquad (2\text{-}2\text{-}33)$$

式中　$C_\mathrm{f}$——迎面阻力系数；

　　　$A$——雷体的总黏湿面积；

　　　$\rho$——水的密度；

　　　$v_2$——水的纵向流速，$v_2 = v_\mathrm{T} + v_0 \cos\alpha$，其中 $v_\mathrm{T}$ 为武器的出管速度，$v_0$ 为潜艇的巡航速度，$\alpha$ 为发射管与艇艏切线的夹角。

单位长度圆柱体的流体横向绕流阻力密度的表达式为

$$R_\zeta = \frac{1}{2} C_\mathrm{D} D \rho v_1^2 \qquad (2\text{-}2\text{-}34)$$

式中　$C_\mathrm{D}$——流体绕流阻力系数；

　　　$D$——武器圆柱面外直径；

　　　$v_1$——水流体的横向扰流速度，即由潜艇的巡航速度引起的对武器的横向扰动速度，$v_1 = v_0 \sin\alpha$。

## 3. 发射出管过程中武器姿态的动态特性分析

1）武器开始偏转到完全出管期间的状态

在发射管上端口不存在导角的情况下，流体对武器的力矩作用能够对武器的姿态产生影响，存在于武器尾部收缩段开始通过直到离开发射管前端密封环的短暂时间内。武器出管发生偏转瞬间的受载状态如图2-2-7所示。

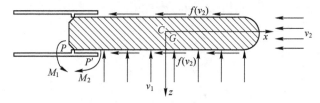

(a) 武器出管瞬间开始转动前的受载状态

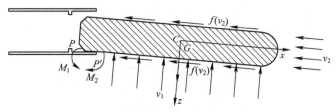

(b) 武器出管瞬间开始转动后的受载状态

图 2-2-7　武器出管瞬间的受载状态

发射管口离艇外壁还有 $L_1$ 的距离，假设武器总长为 $L$，在武器完全离艇时大约要运行 $L_1+L$ 的距离。分析碰艇安全性的问题就是要在这段运行距离内，通过确保出管速度，使武器下沉运动过程中尾部不能与艇发射运动干涉问题。

在图 2-2-7（a）中，$M_1$ 为流体横向扰流阻力和迎面阻力对支撑点所产生的力矩，而 $M_2$ 为由于武器的负浮力对支撑点所产生的力矩。从图中可见，这两个力矩的方向相反。设前密封环布置在发射管中做功距离最长的位置，即 $P$ 到 $P'$ 的距离为 $L_2$，假设武器尾椎段长为 $L_3$。因此，图 2-2-7（a）所示的即将发生偏转时，$P'$ 点离尾部距离为 $L_2+L_3$。在武器刚发生偏转到尾部完全出管的两个状态之间，水平运行距离 $s \in [0, L_2+L_3]$，将有关系数代入，可得力矩 $M_1$ 的表达式为

$$M_1 = \int_0^{L-L_3+x} R_\zeta x \mathrm{d}x \tag{2-2-35}$$

为分析迎面阻力矩 $M_2$，首先需要得出武器横截面中的几何关系，如图 2-2-8 所示。

由于迎面阻力均匀分布于武器表面，基于图 2-2-8，将有关系数代入，可得迎面阻力矩为

$$M_2 = 2\int_0^{\frac{\pi}{2}} \frac{R_f}{A}\left(A\frac{\mathrm{d}\alpha}{\pi}\right)(D\sin\alpha) \tag{2-2-36}$$

在图 2-2-7 中，由平行轴定理，可得武器即将发生偏转时绕过 $P$ 点横轴

的转动惯量和完全出管时绕过 $P'$ 横轴的转动惯量分别为

$$\begin{cases} I_P = I_C + m \cdot (\overline{CP})^2 \\ I_{P'} = I_C + m \cdot (\overline{CP'})^2 \end{cases} \quad (2\text{-}2\text{-}37)$$

式中　$m$——质量。

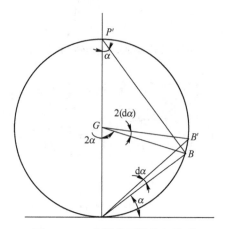

图 2-2-8　武器截面的几何关系

对于武器即将发生偏转到尾部完全出管之间的过程，水平位移 $s \in [0, L_2 + L_3]$，用 $v_T t$ 表示。利用动量矩方程 $I_y \ddot{\psi} = M_y$，并将有关系数代入，可得武器偏转的角加速度。

最小、最大角加速度分别发生在即将发生偏转时和即将完全出管时，角加速度极值分别为 $\ddot{\psi}_{\min}$ 和 $\ddot{\psi}_{\max}$。

由于两个角加速度的极值相差比较小，因此取 $\ddot{\psi}_{\min}$、$\ddot{\psi}_{\max}$ 的均值作为这一瞬态过程的角加速度，可以保证足够的计算精度。

图 2-2-7 所示的过程持续时间极短，约为 $(L_2 + L_3)/v_T$。根据角速度和转角的运动学表达式，可得武器完全出管时刻的角速度 $\dot{\psi}_{\text{depart}}$ 和转过的角度 $\psi_{\text{depart}}$。

**助学资源**　军事职业教育平台/慕课水中兵器发射技术/第二章潜艇水平发射安全性分析/第一节中间弹道/知识点 4 中间弹道建模（三）

2）武器完全出管后的状态

在武器的尾部离开发射管的上端点后，由于对称性，流体作用在武器上的力对质心的合力矩为零，此后偏转角的变化依赖于惯性转动。如图 2-2-9 所示，此时由于武器旋转而产生的绕流速度所形成的横向扰流阻力矩对武器的旋转起阻滞作用。将有关系数代入，可得对质心的绕流阻力矩为

$$M_2 = 2\int_0^{L/2} R_\zeta x \mathrm{d}x = 2\int_0^{L/2} C_\mathrm{D} D\rho \dot\psi^2 x^2 \mathrm{d}x \qquad (2\text{-}2\text{-}38)$$

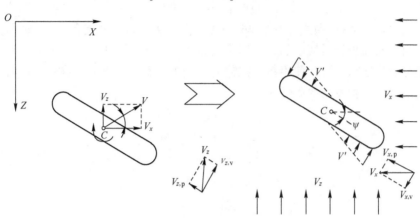

图 2-2-9　离开发射管后的武器运动特性

基于动量矩方程对其积分，可得该自由运行阶段的武器旋转速度和旋转角速度分别为 $\dot\psi$ 和 $\psi$。根据初始条件 $\psi|_{t=0}=\psi_\mathrm{depart}$，$\dot\psi|_{t=0}=\dot\psi_\mathrm{depart}$，可得自由运行阶段的武器旋转速度和转角的最终表达式。

3) 质心的运动特性

如图 2-2-9 所示，可分别先将速度 $v_x$、$v_z$ 分解为平行于武器轴线方向和垂直于武器轴线方向的速度。相应地，有速度 $v_x$、$v_z$ 对武器产生的作用力，由平行于轴线的迎面阻力和垂直于轴线的圆柱体横向绕流阻力合成。根据图 2-2-9，速度 $v_x$、$v_z$ 在两个方向的分量为

$$v_{x,\mathrm{p}} = v_x \sin\psi \qquad (2\text{-}2\text{-}39)$$
$$v_{x,\mathrm{v}} = v_x \cos\psi \qquad (2\text{-}2\text{-}40)$$
$$v_{z,\mathrm{p}} = v_z \cos\psi \qquad (2\text{-}2\text{-}41)$$
$$v_{z,\mathrm{v}} = v_z \sin\psi \qquad (2\text{-}2\text{-}42)$$

从相应的流体阻力可得平行于武器轴线和垂直于武器轴线的加速度分别为

$$a_\mathrm{p} = a_{2,\mathrm{p}} + a_{1,\mathrm{p}} = \frac{\frac{1}{2}C_\mathrm{f} A\rho [(v_x\cos\psi)^2+(v_z\sin\psi)^2]}{m} \qquad (2\text{-}2\text{-}43)$$

$$a_\mathrm{v} = a_{1,\mathrm{v}} - a_{2,\mathrm{v}} = \frac{\frac{1}{2}C_\mathrm{D} D\rho L[(v_x\sin\psi)^2-(v_z\cos\psi)^2]}{m} \qquad (2\text{-}2\text{-}44)$$

将式（2-2-43）、式（2-2-44）中的加速度分量折算到地面坐标系中，从而可得 $X$、$Z$ 轴方向的绝对加速度表达式为

$$a_X = a_v \sin\psi + a_p \cos\psi \tag{2-2-45}$$

$$a_Z = a_p \sin\psi - a_v \cos\psi \tag{2-2-46}$$

式（2-2-45）和式（2-2-46）中 $a_X$、$a_Z$ 为标量，分别为 $X$、$Z$ 轴的负方向。由于武器出管后质心的运动属于变加速度运动，因此，采用对时间离散化的差分迭代法求速度，使用数值积分的方法求位移。武器质心在 $X$、$Z$ 轴方向的速度迭代方程及初始条件为

$$\begin{cases} v_{X,j+1} = v_{X,j} - a_{X,j}\Delta t \\ v_{Z,j+1} = v_{Z,j} - a_{Z,j}\Delta t \\ v_{X,0} = v_T \\ v_{Z,0} = 0 \\ t_j = j\Delta t \end{cases} \tag{2-2-47}$$

基于式（2-2-47），在求得一个 $j$ 时刻的速度后，可求得加速度 $a_{X,j}$、$a_{Z,j}$，进而求得 $j+1$ 时刻的速度 $v_{X,j+1}$、$v_{Z,j+1}$。

质心合速度及图 2-2-9 中速度矢量方向与垂线的夹角分别为

$$v_{C,j} = \sqrt{v_{X,j}^2 + v_{Z,j}^2} \tag{2-2-48}$$

$$\beta_j = \arctan\left(\frac{v_{Z,j}}{v_{X,j}}\right) \tag{2-2-49}$$

武器质心在 $X$、$Z$ 轴方向位移的数值积分方程及初始条件为

$$\begin{cases} X_j = X_0 + \sum_J v_{X,j}\Delta t \\ Z_j = Z_0 + \sum_J v_{Z,j}\Delta t \\ X_0 = \dfrac{L\cos\psi}{2} \\ Z_0 = \dfrac{L\sin\psi}{2} \\ t_j = j\Delta t \end{cases} \tag{2-2-50}$$

**助学资源** 军事职业教育平台/慕课水中兵器发射技术/第二章潜艇水平发射安全性分析/第一节中间弹道/知识点 5 中间弹道建模（四）

## 五、仿真设置及流程

设发射管前端口到减阻板的最大距离 $L_w=3m$，以鱼雷武器为例，鱼雷质量为1850kg，排水量为1300L，长度为6.6m，半径为0.267m，流体阻力系数为-0.0029。根据以上数学模型，按照图2-2-10所示的流程，使用用4阶龙格-库塔方法求解中间弹道数学模型，在潜艇凹龛区的中间弹道运动轨迹的仿真结果如图2-2-11和图2-2-12所示。

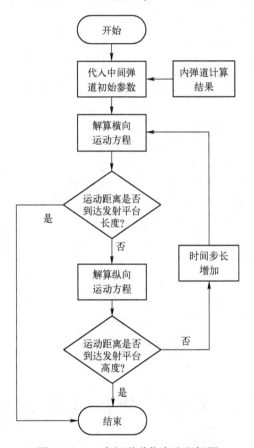

图2-2-10　中间弹道仿真流程框图

由仿真结果可以看出，艇速的变化对鱼雷凹龛内运动影响较为明显，若考虑潜艇运动所造成的湍流，则最低安全出管速度还应适当增加。为保证武器能够安全离艇，应结合出管速度与艇速的影响，在满足潜艇机动的前提下，应适当降低潜艇发射时的艇速，同时应提高发射出管速度。

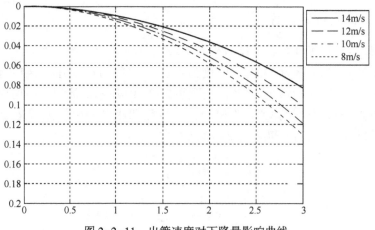

图 2-2-11　出管速度对下降量影响曲线

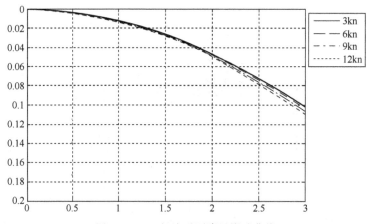

图 2-2-12　艇速对下降量影响曲线

## 第三节　水平发射初始弹道安全性分析

　　初始弹道是指武器离开发射装置后至武器进入稳定航行状态前的一段弹道。在初始弹道阶段，武器的运动参数都在不断发生变化，甚至剧烈变化，运动的非定常性是武器初始弹道的一个重要特点。而初始弹道的安全性是潜艇发射武器过程成败与否的最终检测标准，也是潜艇武器发射动力学的重要研究对象。初始弹道安全性主要考虑武器按照一定的发射初始条件在铅垂平面内的袋深和武器姿态变化，从而检测武器是否存在触底和姿态失稳的风险。本节通过对武器进行受力分析，联立动量方程和运动方程，建立初始弹道仿真模型。在此基础上，通过对铅垂平面的初始弹道进行仿真分析，论证发射安全性。

## 一、初始弹道仿真模型建立

武器初始弹道受发射平台、发射方法及发射条件影响很大，发射时发射平台的运动速度、角速度、深度及发射方法与发射装置直接决定了初始弹道的初始条件（武器离开发射装置时的运动状态）。

### （一）坐标系与运动参数的确定

**1. 参考坐标系的确定**

武器发射后在水中运动过程中，其受力情况较为复杂，受到的力包括浮力、重力、推力和流体动力，这些力和由此产生的力矩需在不同的坐标系中分析，才能简化分析结果，便于建立运动方程。所以，在确定武器发射的初始弹道时通常采用多种坐标系建立运动模型即混合坐标系建模，常用坐标系包括以下几种。

1）地面坐标系

地面坐标系 $ex_ey_ez_e$ 又称静坐标系，它是与地面固连在一起的。地面坐标系的原点 $e$ 可选在地面某一点，$ex_e$ 轴在水平面内，指向武器前进方向，$ey_e$ 轴在垂直面内，垂直向上为正，$ez_e$ 轴垂直于平面，其正方向使 $ex_ey_ez_e$ 构成右手笛卡儿坐标系（直角坐标系），如图 2-3-1 所示。

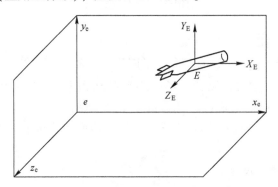

图 2-3-1　地面坐标系和平移坐标系

2）平移坐标系

体坐标系相对于地面坐标系的旋转，描述了武器的旋转运动，但是上述两坐标系的原点不一致，不便于研究其相对旋转。为此，确定平移地面坐标系原点为武器重心或浮心，其他各轴与地面坐标系各轴平行，构成平移坐标系 $EX_EY_EZ_E$，如图2-3-1所示。

3）体坐标系

体坐标系 $BX_bY_bZ_b$ 又称为动坐标系，它与发射的武器固连在一起，坐标系原点 $B$ 与武器的重心或浮心重合，$BX_b$ 轴（纵轴或横滚轴）在武器纵中剖面内，指向首部，$BY_b$ 轴（竖轴或偏航轴）在纵中剖面内，指向顶部，$BZ_b$ 轴（横轴或俯仰轴）垂直于 $BX_bY_b$ 平面，其正向使 $BX_bY_bZ_b$ 构成右手直角坐标系，如图2-3-2所示。

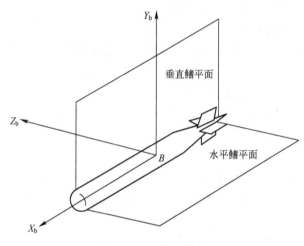

图 2-3-2 体坐标系

4）速度坐标系

速度坐标系 $OX_vY_vZ_v$，它与武器半固连在一起，坐标系原点与武器的重心或浮心重合，$OX_v$ 轴（速度轴）与武器速度矢量一致，与来流方向相反，$OY_v$ 轴（升力轴）在纵中剖面内，即垂直鳍平面，指向武器顶部，$OZ_v$ 轴（侧力轴）垂直于 $OX_vY_v$ 平面，在水平鳍平面内，其正向构成右手直角坐标系，如图2-3-3所示。

**2. 运动学参数的确定**

1）位置坐标 $(X_e, Y_e, Z_e)$

位置坐标 $(X_e, Y_e, Z_e)$ 可用体坐标系原点在地面坐标系的坐标分量来确定，表示武器运动过程中其浮心或质心在地面坐标系中的3个坐标，3个参数确定任意时刻武器在空间的位置。

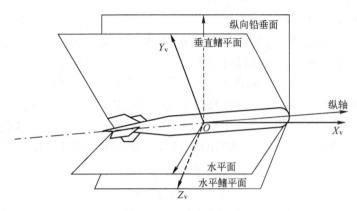

图 2-3-3　速度坐标系

2) 速度 $v$

$v$ 表示武器的运动速度矢量,其在地面坐标系坐标轴上的分量为 $[v_x, v_y, v_z]^T$,当研究武器上不同点处的速度时,也以 $v$ 表示武器上任一点处的速度矢量。

3) 姿态角 $\theta$、$\psi$、$\phi$

研究武器运动就是研究武器相对于地面坐标系的运动,也就是研究体坐标系相对于地面坐标系的运动。可用体坐标系与平移坐标系之间的 3 个欧拉角 $\phi$、$\psi$、$\theta$ 来确定,3 个欧拉角定义如下:$\theta$ 表示武器的俯仰角,体坐标系纵轴 $BX_b$ 与水平面 $EX_eZ_e$ 的夹角,武器抬头为正;$\psi$ 表示武器的偏航角,体坐标系纵轴 $BX_b$ 在水平面 $EX_eZ_e$ 内的投影与地轴 $EX_e$ 之间的夹角,武器左偏为正。$\phi$ 表示武器的横滚角,武器 $BX_bZ_b$ 平面与水平面 $EX_eZ_e$ 的夹角,从武器尾部方向看,右滚为正,如图 2-3-4 所示。

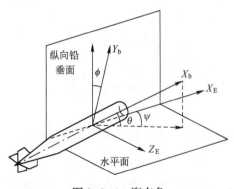

图 2-3-4　姿态角

4) 弹道角 $\Theta$、$\Psi$、$\Phi$

弹道角是弹道曲线在地面坐标系的方位角,也是速度矢量在地面坐标系中的 3 个方位角:$\Theta$ 表示武器弹道倾角,速度坐标系纵轴 $OX_v$ 与平移坐标系水平面 $EX_eZ_e$ 的夹角,武器抬头为正;$\Psi$ 表示武器弹道偏角,速度坐标系纵轴 $OX_v$ 在平移坐标系水平面 $EX_eZ_e$ 内的投影与地轴 $EX_e$ 之间的夹角,武器左偏为正;$\Phi$ 表示武器弹道倾斜角,是速度坐标系 $OX_vY_v$ 平面与平移坐标系水平面 $EX_eZ_e$ 的夹角,武器右滚为正。弹道角的正负号规定与姿态角相同,如图 2-3-5 所示。

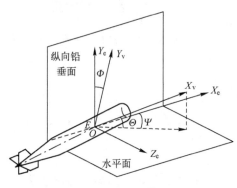

图 2-3-5 弹道角

5) 攻角 $\alpha$ 和侧滑角 $\beta$

攻角 $\alpha$ 是速度坐标系的纵轴 $OX_v$ 在体坐标系纵对称面 $BX_bY_b$ 内的投影与纵轴 $BX_b$ 之间的夹角,当 $OX_v$ 轴偏向武器头部下方时,$\alpha$ 为正,侧滑角 $\beta$ 是速度坐标系的纵轴 $OX_v$ 与体坐标系纵对称面 $BX_bY_b$ 之间的夹角,当 $OX_v$ 轴偏向雷头右侧时,$\beta$ 为正,攻角、侧滑角与速度分量 $[v_x,v_y,v_z]^T$ 的关系如图 2-3-6 所示,计算公式为

$$\begin{cases} \alpha = \arctan\left(-\dfrac{v_y}{v_x}\right) \\ \beta = \arcsin\left(-\dfrac{v_z}{v_x}\right) \end{cases} \quad (2-3-1)$$

6) 角速度 $\omega$

用 $\omega$ 表示武器的旋转角速度矢量,可由 3 个姿态角的矢量来确定,即

$$\omega = \dot{\psi}\boldsymbol{j}_1 + \dot{\theta}\boldsymbol{k}_1' + \dot{\phi}\boldsymbol{i}_2 \quad (2-3-2)$$

如图 2-3-7 所示,根据坐标系转换方法,求得表达式为

$$\begin{aligned}
\boldsymbol{j}_1 &= (\boldsymbol{j}_1 \cdot \boldsymbol{i}_2)\boldsymbol{i}_2 + (\boldsymbol{j}_1 \cdot \boldsymbol{j}_2)\boldsymbol{j}_2 + (\boldsymbol{j}_1 \cdot \boldsymbol{k}_2)\boldsymbol{k}_2 \\
&= \boldsymbol{i}_2\cos\left(\frac{\pi}{2}-\theta\right) + \boldsymbol{j}_2\cos\theta\cos\phi + \boldsymbol{k}_2\cos\theta\cos\left(\frac{\pi}{2}+\phi\right) \\
&= \boldsymbol{i}_2\sin\theta + \boldsymbol{j}_2\cos\theta\cos\phi - \boldsymbol{k}_2\cos\theta\sin\phi
\end{aligned} \quad (2\text{-}3\text{-}3)$$

$$\begin{aligned}
\boldsymbol{k}_1' &= (\boldsymbol{k}_1' \cdot \boldsymbol{i}_2)\boldsymbol{i}_2 + (\boldsymbol{k}_1' \cdot \boldsymbol{j}_2)\boldsymbol{j}_2 + (\boldsymbol{k}_1' \cdot \boldsymbol{k}_2)\boldsymbol{k}_2 \\
&= \boldsymbol{i}_2\cos\frac{\pi}{2} + \boldsymbol{j}_2\cos\left(\frac{\pi}{2}-\phi\right) + \boldsymbol{k}_2\cos\phi \\
&= \boldsymbol{i}_2 \cdot 0 + \boldsymbol{j}_2\sin\phi + \boldsymbol{k}_2\cos\phi
\end{aligned} \quad (2\text{-}3\text{-}4)$$

旋转角速度 $\boldsymbol{\omega}$ 在雷体坐标系中的分量为 $\omega_x$、$\omega_y$、$\omega_z$，则由姿态角的定义，可得其与姿态角 $\theta$、$\psi$、$\phi$ 存在以下关系。

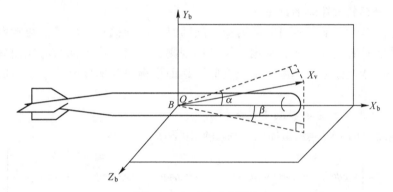

图 2-3-6 冲角和侧滑角

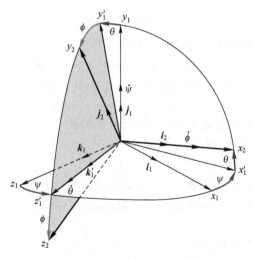

图 2-3-7 姿态角速度示意图

角速度的 3 个分量用姿态角可表示为

$$\begin{cases} \omega_x = \dot{\phi} + \dot{\psi}\sin\theta \\ \omega_y = \dot{\psi}\cos\theta\cos\phi + \dot{\theta}\sin\phi \\ \omega_z = \dot{\theta}\cos\phi - \dot{\psi}\cos\theta\sin\phi \end{cases} \quad (2\text{-}3\text{-}5)$$

姿态角用角速度可表示为

$$\begin{cases} \dot{\theta} = \omega_y\sin\phi + \omega_z\cos\phi \\ \dot{\psi} = \sin\theta(\omega_y\cos\phi - \omega_z\sin\phi) \\ \dot{\phi} = \omega_x - \omega_y\tan\theta\cos\phi + \omega_z\tan\theta\sin\phi \end{cases} \quad (2\text{-}3\text{-}6)$$

**3. 坐标转换矩阵的确定**

在使用混合坐标系研究武器运动问题时，常常遇到一些运动参数在不同坐标系之间的相互转换，根据坐标转换规则，给出雷体坐标系与地面坐标系之间、雷体坐标系与速度坐标系之间、地面坐标系与速度坐标系之间的转换矩阵。

1）地面坐标系转换到雷体坐标系

地面坐标系转换到雷体坐标系转换矩阵为

$$C_B^E = \begin{bmatrix} \cos\theta\cos\psi & \sin\theta & -\cos\theta\sin\psi \\ \sin\psi\sin\phi - \sin\theta\cos\psi\cos\phi & \cos\theta\cos\phi & \cos\psi\sin\phi + \sin\theta\sin\psi\cos\phi \\ \sin\psi\cos\phi + \sin\theta\cos\psi\sin\phi & -\cos\theta\sin\phi & \cos\psi\cos\phi - \sin\theta\sin\psi\sin\phi \end{bmatrix}$$

$$(2\text{-}3\text{-}7)$$

2）速度坐标系与雷体坐标系之间的坐标转换

速度坐标系与雷体坐标系之间的转换矩阵为

$$C_B^V = \begin{bmatrix} \cos\alpha\cos\beta & \sin\alpha & -\cos\alpha\sin\beta \\ \sin\alpha\cos\beta & \cos\alpha & \sin\alpha\sin\beta \\ \sin\beta & 0 & \cos\beta \end{bmatrix} \quad (2\text{-}3\text{-}8)$$

3）地面坐标系与速度坐标系之间的坐标转换

地面坐标系与速度坐标系之间的转换矩阵为

$$C_V^E = \begin{bmatrix} \cos\Theta\cos\Psi & \sin\Theta & -\cos\Theta\sin\Psi \\ \sin\Psi\sin\Phi - \sin\Theta\cos\Psi\cos\Phi & \cos\Theta\cos\Phi & \cos\Psi\sin\Phi + \sin\Theta\sin\Psi\cos\Phi \\ \sin\Psi\cos\Phi + \sin\Theta\cos\Psi\sin\Phi & -\cos\Theta\sin\Phi & \cos\Psi\cos\Phi - \sin\Theta\sin\Psi\sin\Phi \end{bmatrix}$$

$$(2\text{-}3\text{-}9)$$

4）坐标系之间的相互转换

转换矩阵存在着同时消去相同上、下标的特性，因而综合上述转换矩阵，

则有关系式

$$C_V^E = C_B^E C_V^B \tag{2-3-10}$$

将式（2-3-10）代入转换矩阵（2-3-9），则可得上述姿态角、弹道角、攻角、侧滑角之间的关系，即

$$\begin{cases} \sin\Theta = \sin\theta\cos\alpha\cos\beta - \cos\theta\cos\phi\sin\alpha\cos\beta - \cos\theta\sin\phi\sin\beta \\ \sin\Psi\cos\Theta = \sin\psi\cos\theta\cos\alpha\cos\beta + \cos\psi\sin\phi\sin\alpha\cos\beta + \\ \qquad\qquad \sin\psi\sin\theta\cos\phi\sin\alpha\cos\beta - \cos\phi\sin\beta + \sin\psi\sin\theta\sin\phi\sin\beta \\ \sin\Phi\cos\Theta = \sin\theta\cos\alpha\sin\beta - \cos\theta\cos\phi\sin\alpha\sin\beta + \cos\theta\sin\phi\cos\beta \end{cases} \tag{2-3-11}$$

建立上述坐标系及转换矩阵，其目的是在分析作用在武器上的外力时，可根据不同的外力特性选取不同的坐标系，简化分析结果，最终利用转换矩阵转换到统一坐标系中，建立运动模型。

### （二）作用在武器上的力

由于武器运动包括转动和平动两种运动，所以运动模型通常在体坐标系中建立，以便于分析转动姿态，并简化转动惯量计算。基于建立运动模型的要求，作用在武器上的力也要统一转换到体坐标系中表示。武器主要受重力、浮力、流体动力和推力及其力矩的作用，其中重力、浮力由于始终保持垂直向下或向上的方向，通常在平移坐标系中分析其力和力矩，并转换到体坐标系中；流体动力与武器的姿态和速度有直接的关系，其流体动力参数通常依靠试验方式得到，为便于代入运动模型，其力和力矩通常直接在速度坐标系中进行分析；而推力始终沿武器纵轴方向，所以直接在体坐标系中分析其力和力矩。

**1. 重力和浮力**

浸润于流体中的武器受到重力和浮力的作用，重力和浮力在平移坐标系中定义，利用转换矩阵将其变换到体坐标系中，取武器浮心为体坐标系原点，设武器的重心在体坐标系中的坐标为 $R_G(\bar{x}_G, \bar{y}_G, \bar{z}_G)$，$\Delta G$ 为武器负浮力，则有

$$F_G = \begin{bmatrix} U_G \\ V_G \\ W_G \\ K_G \\ M_G \\ N_G \end{bmatrix} = \begin{bmatrix} (G+B)\sin\theta \\ (G+B)\cos\theta\cos\phi \\ (G+B)\cos\theta\sin\phi \\ -\bar{y}_G G\cos\theta\sin\phi - \bar{z}_G G\cos\theta\cos\phi \\ \bar{x}_G G\cos\theta\sin\phi + \bar{z}_G G\sin\theta \\ \bar{x}_G G\cos\theta\cos\phi - \bar{y}_G G\sin\theta \end{bmatrix} = \begin{bmatrix} -\Delta G\sin\theta \\ -\Delta G\cos\theta\cos\phi \\ \Delta G\cos\theta\sin\phi \\ \bar{y}_G G\cos\theta\sin\phi + \bar{z}_G G\cos\theta\cos\phi \\ -\bar{x}_G G\cos\theta\sin\phi - \bar{z}_G G\sin\theta \\ -\bar{x}_G G\cos\theta\cos\phi + \bar{y}_G G\sin\theta \end{bmatrix}$$

$$\tag{2-3-12}$$

## 2. 推力

推力 $T$ 沿 $BX_b$ 轴线方向，作用在浮心上，因此在体坐标系中推力和推力矩可表示为

$$\boldsymbol{F}_T = [T, 0, 0, 0, 0, 0]^T \qquad (2\text{-}3\text{-}13)$$

## 3. 流体动力

武器运动时流体动力依赖于流体介质、武器外形及运动状态。武器做任意运动时的流体动力主矢和主矩可表示为

$$\begin{cases} \boldsymbol{R}_R = \boldsymbol{R}_R(v, \alpha, \beta, \delta_h, \delta_v, \delta_d, \omega_x, \omega_y, \omega_z) \\ \boldsymbol{M}_R = \boldsymbol{M}_R(v, \alpha, \beta, \delta_h, \delta_v, \delta_d, \omega_x, \omega_y, \omega_z) \end{cases} \qquad (2\text{-}3\text{-}14)$$

将式 (2-3-14) 展开为泰勒级数，并取其线性项，可得

$$\begin{cases} \boldsymbol{R} = \boldsymbol{R}(v, \alpha, \beta, \delta_h, \delta_v, \delta_d, 0, 0, 0) + \dfrac{\partial \boldsymbol{R}}{\partial \omega_x}\omega_x + \dfrac{\partial \boldsymbol{R}}{\partial \omega_y}\omega_y + \dfrac{\partial \boldsymbol{R}}{\partial \omega_z}\omega_z + \dfrac{\partial \boldsymbol{R}}{\partial \dot{v}_x}\dot{v}_x + \dfrac{\partial \boldsymbol{R}}{\partial \dot{v}_y}\dot{v}_y + \dfrac{\partial \boldsymbol{R}}{\partial \dot{v}_z}\dot{v}_z + \dfrac{\partial \boldsymbol{R}}{\partial \dot{\omega}_x}\dot{\omega}_x + \dfrac{\partial \boldsymbol{R}}{\partial \dot{\omega}_y}\dot{\omega}_y + \dfrac{\partial \boldsymbol{R}}{\partial \dot{\omega}_z}\dot{\omega}_z \\ \quad = \boldsymbol{R}_\alpha + \boldsymbol{R}_\omega + \boldsymbol{R}_\lambda \\ \boldsymbol{M} = \boldsymbol{M}(v, \alpha, \beta, \delta_h, \delta_v, \delta_d, 0, 0, 0) + \dfrac{\partial \boldsymbol{M}}{\partial \omega_x}\omega_x + \dfrac{\partial \boldsymbol{M}}{\partial \omega_y}\omega_y + \dfrac{\partial \boldsymbol{M}}{\partial \omega_z}\omega_z + \dfrac{\partial \boldsymbol{M}}{\partial \dot{v}_x}\dot{v}_x + \dfrac{\partial \boldsymbol{M}}{\partial \dot{v}_y}\dot{v}_y + \dfrac{\partial \boldsymbol{M}}{\partial \dot{v}_z}\dot{v}_z + \dfrac{\partial \boldsymbol{M}}{\partial \dot{\omega}_x}\dot{\omega}_x + \dfrac{\partial \boldsymbol{M}}{\partial \dot{\omega}_y}\dot{\omega}_y + \dfrac{\partial \boldsymbol{M}}{\partial \dot{\omega}_z}\dot{\omega}_z \\ \quad = \boldsymbol{M}_\alpha + \boldsymbol{M}_\omega + \boldsymbol{M}_\lambda \end{cases}$$

$$(2\text{-}3\text{-}15)$$

式中 $\boldsymbol{R}_\alpha$、$\boldsymbol{M}_\alpha$——由瞬时速度 $v$ 所引起的流体动力和力矩，称为定常平移力或位置力，即与位置导数有关的流体动力，可表示为

$$\begin{cases} \boldsymbol{R}_\alpha = \boldsymbol{R}(v, \alpha, \beta, \delta_e, \delta_r, \delta_d, 0, 0, 0) \\ \boldsymbol{M}_\alpha = \boldsymbol{M}(v, \alpha, \beta, \delta_e, \delta_r, \delta_d, 0, 0, 0) \end{cases} \qquad (2\text{-}3\text{-}16)$$

$\boldsymbol{R}_\omega$、$\boldsymbol{M}_\omega$——由瞬时角速度所引起的附加流体动力和力矩，称为定常旋转力或阻尼力，这一部分流体动力和力矩是瞬时角速度的线性函数，可表示为

$$\begin{cases} \boldsymbol{R}_\omega = \dfrac{\partial \boldsymbol{R}}{\partial \omega_x}\omega_x + \dfrac{\partial \boldsymbol{R}}{\partial \omega_y}\omega_y + \dfrac{\partial \boldsymbol{R}}{\partial \omega_z}\omega_z = \boldsymbol{R}_\omega(\omega_x, \omega_y, \omega_z) \\ \boldsymbol{M}_\omega = \dfrac{\partial \boldsymbol{M}}{\partial \omega_x}\omega_x + \dfrac{\partial \boldsymbol{M}}{\partial \omega_y}\omega_y + \dfrac{\partial \boldsymbol{M}}{\partial \omega_z}\omega_z = \boldsymbol{M}_\omega(\omega_x, \omega_y, \omega_z) \end{cases} \qquad (2\text{-}3\text{-}17)$$

$\boldsymbol{R}_\lambda$、$\boldsymbol{M}_\lambda$——由瞬时加速度和瞬时角加速度所引起的附加流体动力和动力矩，称为非定常力或惯性力。这一部分流体动力和力矩分别是瞬时加速度和瞬时角加速度的线性函数，可表示为

$$\begin{cases} \boldsymbol{R}_\lambda = \dfrac{\partial \boldsymbol{R}}{\partial \dot{v}_x}\dot{v}_x + \dfrac{\partial \boldsymbol{R}}{\partial \dot{v}_y}\dot{v}_y + \dfrac{\partial \boldsymbol{R}}{\partial \dot{v}_z}\dot{v}_z + \dfrac{\partial \boldsymbol{R}}{\partial \dot{\omega}_x}\dot{\omega}_x + \dfrac{\partial \boldsymbol{R}}{\partial \dot{\omega}_y}\dot{\omega}_y + \dfrac{\partial \boldsymbol{R}}{\partial \dot{\omega}_z}\dot{\omega}_z \\ \boldsymbol{M}_\lambda = \dfrac{\partial \boldsymbol{M}}{\partial \dot{v}_x}\dot{v}_x + \dfrac{\partial \boldsymbol{M}}{\partial \dot{v}_y}\dot{v}_y + \dfrac{\partial \boldsymbol{M}}{\partial \dot{v}_z}\dot{v}_z + \dfrac{\partial \boldsymbol{M}}{\partial \dot{\omega}_x}\dot{\omega}_x + \dfrac{\partial \boldsymbol{M}}{\partial \dot{\omega}_y}\dot{\omega}_y + \dfrac{\partial \boldsymbol{M}}{\partial \dot{\omega}_z}\dot{\omega}_z \end{cases} \quad (2\text{-}3\text{-}18)$$

为了便于分析研究，通常采用流体动力 $\boldsymbol{R}$ 和力矩 $\boldsymbol{M}$ 在某个坐标系上的分量形式，而不是它们本身。其中 $\boldsymbol{R}_\alpha$、$\boldsymbol{M}_\alpha$ 是三维矢量函数，$\partial R/\partial v$、$\partial R/\partial \omega$ … 是三维矢量对三维矢量的导数，展开后是 3×3 雅可比矩阵。

1) 位置力分量

武器定常直线运动时的流体动力位置力主矢 $\boldsymbol{R}_\alpha$ 与主矩 $\boldsymbol{M}_\alpha$ 可表示为

$$\begin{cases} \boldsymbol{R}_\alpha = \boldsymbol{R}_\alpha(v,\alpha,\beta,\delta_h,\delta_v,\delta_d) \\ \boldsymbol{M}_\alpha = \boldsymbol{M}_\alpha(v,\alpha,\beta,\delta_h,\delta_v,\delta_d) \end{cases} \quad (2\text{-}3\text{-}19)$$

则流体动力系数为

$$\begin{cases} C_{\alpha x} = \dfrac{X_\alpha(v,\alpha,\beta,\delta_h,\delta_v,\delta_d)}{\frac{1}{2}\rho S v^2} = C_{\alpha x}(\alpha,\beta,\delta_h,\delta_v,\delta_d) \\[6pt] C_{\alpha y} = \dfrac{Y_\alpha(v,\alpha,\beta,\delta_h,\delta_v,\delta_d)}{\frac{1}{2}\rho S v^2} = C_{\alpha y}(\alpha,\beta,\delta_h,\delta_v,\delta_d) \\[6pt] C_{\alpha z} = \dfrac{Z_\alpha(v,\alpha,\beta,\delta_h,\delta_v,\delta_d)}{\frac{1}{2}\rho S v^2} = C_{\alpha z}(\alpha,\beta,\delta_h,\delta_v,\delta_d) \\[6pt] m_{\alpha x} = \dfrac{M_{\alpha x}(v,\alpha,\beta,\delta_h,\delta_v,\delta_d)}{\frac{1}{2}\rho S L v^2} = m_{\alpha x}(\alpha,\beta,\delta_h,\delta_v,\delta_d) \\[6pt] m_{\alpha y} = \dfrac{M_{\alpha y}(v,\alpha,\beta,\delta_h,\delta_v,\delta_d)}{\frac{1}{2}\rho S L v^2} = m_{\alpha y}(\alpha,\beta,\delta_h,\delta_v,\delta_d) \\[6pt] m_{\alpha z} = \dfrac{M_{\alpha z}(v,\alpha,\beta,\delta_h,\delta_v,\delta_d)}{\frac{1}{2}\rho S L v^2} = m_{\alpha z}(\alpha,\beta,\delta_h,\delta_v,\delta_d) \end{cases} \quad (2\text{-}3\text{-}20)$$

式中　$X_\alpha$、$Y_\alpha$、$Z_\alpha$——黏性流体动力在体坐标系中的分量；

$M_{\alpha x}$、$M_{\alpha y}$、$M_{\alpha z}$——黏性流体动力矩在体坐标系中的分量。

当 $\alpha$、$\beta$ 及 $\delta$ 不大时，可以假定：各流体动力系数（除 $C_x$ 外）与 $\alpha$、$\beta$ 及

$\delta$ 成线性关系；纵平面与横平面流体动力无交联。

在上述假设下，各流体动力系数可简化为

$$\begin{cases} C_{\alpha x} = C_{xl}(0) = C_{x0} \\ C_{\alpha y} = C_{yl}(\alpha, \delta_h) = C_{y0} + C_y^\alpha \alpha + C_y^\delta \delta_h \\ C_{\alpha z} = C_{zl}(\beta, \delta_v) = C_{z0} + C_z^\beta \beta + C_z^\delta \delta_v \\ m_{\alpha x} = m_{\alpha x}(\beta, \delta_v, \delta_d) = m_{x0} + m_x^\beta \beta + m_x^{\delta_v} \delta_v + m_x^{\delta_d} \delta_d \\ m_{\alpha y} = m_{\alpha y}(\beta, \delta_v) = m_{y0} + m_y^\beta \beta + m_y^\delta \delta_v \\ m_{\alpha z} = m_{\alpha z}(\alpha, \delta_h) = m_{z0} + m_z^\alpha \alpha + m_z^\delta \delta_h \end{cases} \quad (2\text{-}3\text{-}21)$$

式中　$C_{x0}$——$\alpha$、$\beta$、$\delta_h$、$\delta_v$、$\delta_d$ 为零时的阻力系数，又称为零升力阻力系数；

$C_{y0}$、$C_{z0}$——$\alpha$、$\beta$、$\delta_h$、$\delta_v$、$\delta_d$ 为零时的升力系数、侧力系数；

$m_{x0}$、$m_{y0}$、$m_{z0}$——$\alpha$、$\beta$、$\delta_h$、$\delta_v$、$\delta_d$ 为零时的横滚力矩系数、偏航力矩系数和俯仰力矩系数；

$C_y^\alpha$——武器的升力系数对攻角 $\alpha$ 的位置导数，且有 $C_y^\alpha = \partial C_y / \partial \alpha|_{\alpha=0}$；

$C_z^\beta$——武器的侧力系数对侧滑角 $\beta$ 的位置导数，且有 $C_z^\beta = \partial C_z / \partial \beta|_{\beta=0}$；

$m_x^\beta$——武器的横滚力矩系数对侧滑角 $\beta$ 的位置导数，且有 $m_x^\beta = \partial m_x / \partial \beta|_{\beta=0}$，则 $m_x^\beta = 0$；

$m_y^\beta$——武器的偏航力矩系数对侧滑角 $\beta$ 的位置导数，且有 $m_y^\beta = \partial m_y / \partial \beta|_{\beta=0}$；

$m_z^\alpha$——武器的俯仰力矩系数对攻角 $\alpha$ 的位置导数，且有 $m_z^\alpha = \partial m_z / \partial \alpha|_{\alpha=0}$；

$C_y^\delta$——武器的升力系数对航向舵角 $\delta_h$ 的位置导数，且有 $C_y^\delta = \partial C_y / \partial \delta_h|_{\delta_h=0}$；

$C_z^\delta$——武器的侧力系数对航向舵角 $\delta_v$ 的位置导数，且有 $C_z^\delta = \partial C_z / \partial \delta_v|_{\delta_v=0}$；

$m_x^{\delta_v}$——武器的横滚力矩系数对航向舵角 $\delta_v$ 的位置导数，有 $m_x^{\delta_v} = \partial m_x / \partial \delta_v|_{\delta_v=0}$；

$m_x^{\delta_d}$——武器的横滚力矩系数对差动舵角 $\delta_d$ 的位置导数，且有 $m_x^{\delta_d} = \partial m_x / \partial \delta_d|_{\delta_d=0}$；

$m_y^\delta$——武器的偏航力矩系数对航向舵角 $\delta_v$ 的位置导数，且有 $m_y^\delta = \partial m_y / \partial \delta_v|_{\delta_v=0}$；

$m_z^\delta$——武器的俯仰力矩系数对升降舵角 $\delta_h$ 的位置导数，且有 $m_z^\delta = \partial m_z / \partial \delta_h|_{\delta_h=0}$；

由于武器关于纵平面对称,因此 $m_y^\delta = m_x^{\delta_v} = 0$。

2) 定常旋转运动时的阻尼力与力矩

武器运动时流体力依赖于武器旋转角速度的流体动力,有

$$\begin{cases} \boldsymbol{R}_\omega = \dfrac{\partial \boldsymbol{R}}{\partial \omega_x}\omega_x + \dfrac{\partial \boldsymbol{R}}{\partial \omega_y}\omega_y + \dfrac{\partial \boldsymbol{R}}{\partial \omega_z}\omega_z = \boldsymbol{R}_\omega(\omega_x, \omega_y, \omega_z) \\ \boldsymbol{M}_\omega = \dfrac{\partial \boldsymbol{M}}{\partial \omega_x}\omega_x + \dfrac{\partial \boldsymbol{M}}{\partial \omega_y}\omega_y + \dfrac{\partial \boldsymbol{M}}{\partial \omega_z}\omega_z = \boldsymbol{M}_\omega(\omega_x, \omega_y, \omega_z) \end{cases} \quad (2\text{-}3\text{-}22)$$

将式(2-3-21)和式(2-3-22)写成分量形式,即

$$\begin{cases} X_\omega = \dfrac{\partial X}{\partial \omega_x}\omega_x + \dfrac{\partial X}{\partial \omega_y}\omega_y + \dfrac{\partial X}{\partial \omega_z}\omega_z \\ Y_\omega = \dfrac{\partial Y}{\partial \omega_x}\omega_x + \dfrac{\partial Y}{\partial \omega_y}\omega_y + \dfrac{\partial Y}{\partial \omega_z}\omega_z \\ Z_\omega = \dfrac{\partial Z}{\partial \omega_x}\omega_x + \dfrac{\partial Z}{\partial \omega_y}\omega_y + \dfrac{\partial Z}{\partial \omega_z}\omega_z \\ M_{x\omega} = \dfrac{\partial M_x}{\partial \omega_x}\omega_x + \dfrac{\partial M_x}{\partial \omega_y}\omega_y + \dfrac{\partial M_x}{\partial \omega_z}\omega_z \\ M_{y\omega} = \dfrac{\partial M_y}{\partial \omega_x}\omega_x + \dfrac{\partial M_y}{\partial \omega_y}\omega_y + \dfrac{\partial M_y}{\partial \omega_z}\omega_z \\ M_{z\omega} = \dfrac{\partial M_z}{\partial \omega_x}\omega_x + \dfrac{\partial M_z}{\partial \omega_y}\omega_y + \dfrac{\partial M_z}{\partial \omega_z}\omega_z \end{cases} \quad (2\text{-}3\text{-}23)$$

式中:$\dfrac{\partial X}{\partial \omega_x}, \cdots, \dfrac{\partial M_z}{\partial \omega_z}$ 等18个系数称为流体动力或力矩的旋转导数,表示当角速度为单位值时,对应的流体动力和力矩的增量。例如,$\dfrac{\partial X}{\partial \omega_x}$ 称为阻力对角速度 $\omega_x$ 的旋转导数,$\dfrac{\partial M_z}{\partial \omega_z}$ 称为俯仰力矩 $M_z$ 对角速度 $\omega_z$ 的旋转导数,各旋转导数在 $\omega = 0$ 处取值。

定义无量纲角速度为

$$\bar{\omega} = \frac{\omega L}{v} \quad (2\text{-}3\text{-}24)$$

式中　$L$——武器长度;

　　　$v$——武器航行速度。

根据流体动力与无量纲角速度的定义，可导出旋转导数的无量纲系数，如 $\dfrac{\partial X}{\partial \omega_x}=C_x^{\bar{\omega}_x}\times \dfrac{1}{2}\rho SLv$，$\dfrac{\partial M_z}{\partial \omega_z}=m_z^{\bar{\omega}_z}\times \dfrac{1}{2}\rho SL^2v$，其中 $C_x^{\bar{\omega}_x}$ 称为阻力对角速度旋转导数的无量纲系数，$m_z^{\bar{\omega}_z}$ 称为俯仰力矩对角速度旋转导数的无量纲系数，阻尼力与力矩共有 18 个旋转导数的无量纲系数，如表 2-3-1 所列。

表 2-3-1　阻尼力与力矩系数的旋转导数

| $X_\omega$ | $Y_\omega$ | $Z_\omega$ | $M_{x\omega}$ | $M_{y\omega}$ | $M_{z\omega}$ |
| --- | --- | --- | --- | --- | --- |
| $C_x^{\bar{\omega}_x}$ | $C_y^{\bar{\omega}_x}$ | $C_z^{\bar{\omega}_x}$ | $m_x^{\bar{\omega}_x}$ | $m_y^{\bar{\omega}_x}$ | $m_z^{\bar{\omega}_x}$ |
| $C_x^{\bar{\omega}_y}$ | $C_y^{\bar{\omega}_y}$ | $C_z^{\bar{\omega}_y}$ | $m_x^{\bar{\omega}_y}$ | $m_y^{\bar{\omega}_y}$ | $m_z^{\bar{\omega}_y}$ |
| $C_x^{\bar{\omega}_z}$ | $C_y^{\bar{\omega}_z}$ | $C_z^{\bar{\omega}_z}$ | $m_x^{\bar{\omega}_z}$ | $m_y^{\bar{\omega}_z}$ | $m_z^{\bar{\omega}_z}$ |

阻尼力和力矩用旋转导数的无量纲系数表示为（以升力和偏航力矩为例）

$$\begin{cases} Y_\omega = (C_y^{\bar{\omega}_x}\omega_x + C_y^{\bar{\omega}_y}\omega_y + C_y^{\bar{\omega}_z}\omega_z)\cdot \dfrac{1}{2}\rho SLv \\ M_{y\omega} = (M_y^{\bar{\omega}_x}\omega_x + M_y^{\bar{\omega}_y}\omega_y + M_y^{\bar{\omega}_z}\omega_z)\cdot \dfrac{1}{2}\rho SL^2v \end{cases} \quad (2\text{-}3\text{-}25)$$

其余以此类推。

对于既定的武器外形，上述 18 项系数中，有些项数值很小，可以忽略不计。当旋转角速度不大时，则

$$C_x^{\bar{\omega}_x} \approx C_x^{\bar{\omega}_y} \approx C_x^{\bar{\omega}_z} \approx 0 \quad (2\text{-}3\text{-}26)$$

由于武器外形通常为回转体（图 2-3-8），在旋转过程中基于水平对称面和垂直对称面分成的上、下两部分受力面积相同，绕 $x$ 轴回转运动过程中受到的流体阻力合力为 0，而其力矩方向沿 $x$ 轴方向，其他方向为 0，所以有

$$C_z^{\bar{\omega}_x} \approx C_y^{\bar{\omega}_x} \approx m_y^{\bar{\omega}_x} \approx m_z^{\bar{\omega}_x} \approx 0 \quad (2\text{-}3\text{-}27)$$

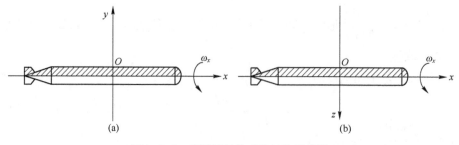

图 2-3-8　武器回转体对称结构示意图

由于武器尾部和头部沿中垂面通常不对称（图2-3-9），所以，绕$y$轴和$z$轴回转运动过程中，流体阻力的合力不为0，分别沿$z$轴和$y$轴方向，其他方向为0，而其力矩方向沿$y$轴和$z$轴方向，所以有

$$C_z^{\bar{\omega}_z} \approx m_x^{\bar{\omega}_z} \approx m_y^{\bar{\omega}_z} \approx 0 \quad (2\text{-}3\text{-}28)$$

$$C_y^{\bar{\omega}_y} \approx m_x^{\bar{\omega}_y} \approx m_z^{\bar{\omega}_y} \approx 0 \quad (2\text{-}3\text{-}29)$$

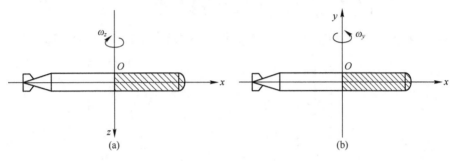

图2-3-9 武器不对称结构示意图

于是，在上述情况下，只需要考虑确定5个旋转导数，即$C_y^{\bar{\omega}_z}$、$C_z^{\bar{\omega}_y}$、$m_x^{\bar{\omega}_x}$、$m_y^{\bar{\omega}_y}$和$m_z^{\bar{\omega}_z}$。

3）惯性附加力分量

惯性附加力分量可表示为

$$\begin{cases} \boldsymbol{R}_\lambda = \dfrac{\partial \boldsymbol{R}}{\partial \dot{v}_x}\dot{v}_x + \dfrac{\partial \boldsymbol{R}}{\partial \dot{v}_y}\dot{v}_y + \dfrac{\partial \boldsymbol{R}}{\partial \dot{v}_z}\dot{v}_z + \dfrac{\partial \boldsymbol{R}}{\partial \dot{\omega}_x}\dot{\omega}_x + \dfrac{\partial \boldsymbol{R}}{\partial \dot{\omega}_y}\dot{\omega}_y + \dfrac{\partial \boldsymbol{R}}{\partial \dot{\omega}_z}\dot{\omega}_z \\ \boldsymbol{M}_\lambda = \dfrac{\partial \boldsymbol{M}}{\partial \dot{v}_x}\dot{v}_x + \dfrac{\partial \boldsymbol{M}}{\partial \dot{v}_y}\dot{v}_y + \dfrac{\partial \boldsymbol{M}}{\partial \dot{v}_z}\dot{v}_z + \dfrac{\partial \boldsymbol{M}}{\partial \dot{\omega}_x}\dot{\omega}_x + \dfrac{\partial \boldsymbol{M}}{\partial \dot{\omega}_y}\dot{\omega}_y + \dfrac{\partial \boldsymbol{M}}{\partial \dot{\omega}_z}\dot{\omega}_z \end{cases} \quad (2\text{-}3\text{-}30)$$

将式（2-3-30）表示成分量形式为

$$\begin{cases} X_\lambda = \dfrac{\partial X}{\partial \dot{v}_x}\dot{v}_x + \dfrac{\partial X}{\partial \dot{v}_y}\dot{v}_y + \dfrac{\partial X}{\partial \dot{v}_z}\dot{v}_z + \dfrac{\partial X}{\partial \dot{\omega}_x}\dot{\omega}_x + \dfrac{\partial X}{\partial \dot{\omega}_y}\dot{\omega}_y + \dfrac{\partial X}{\partial \dot{\omega}_z}\dot{\omega}_z \\ Y_\lambda = \dfrac{\partial Y}{\partial \dot{v}_x}\dot{v}_x + \dfrac{\partial Y}{\partial \dot{v}_y}\dot{v}_y + \dfrac{\partial Y}{\partial \dot{v}_z}\dot{v}_z + \dfrac{\partial Y}{\partial \dot{\omega}_x}\dot{\omega}_x + \dfrac{\partial Y}{\partial \dot{\omega}_y}\dot{\omega}_y + \dfrac{\partial Y}{\partial \dot{\omega}_z}\dot{\omega}_z \\ Z_\lambda = \dfrac{\partial Z}{\partial \dot{v}_x}\dot{v}_x + \dfrac{\partial Z}{\partial \dot{v}_y}\dot{v}_y + \dfrac{\partial Z}{\partial \dot{v}_z}\dot{v}_z + \dfrac{\partial Z}{\partial \dot{\omega}_x}\dot{\omega}_x + \dfrac{\partial Z}{\partial \dot{\omega}_y}\dot{\omega}_y + \dfrac{\partial Z}{\partial \dot{\omega}_z}\dot{\omega}_z \end{cases}$$

$$\begin{cases} M_{x\lambda} = \dfrac{\partial M_x}{\partial \dot v_x}\dot v_x + \dfrac{\partial M_x}{\partial \dot v_y}\dot v_y + \dfrac{\partial M_x}{\partial \dot v_z}\dot v_z + \dfrac{\partial M_x}{\partial \dot\omega_x}\dot\omega_x + \dfrac{\partial M_x}{\partial \dot\omega_y}\dot\omega_y + \dfrac{\partial M_x}{\partial \dot\omega_z}\dot\omega_z \\ \\ M_{y\lambda} = \dfrac{\partial M_y}{\partial \dot v_x}\dot v_x + \dfrac{\partial M_y}{\partial \dot v_y}\dot v_y + \dfrac{\partial M_y}{\partial \dot v_z}\dot v_z + \dfrac{\partial M_y}{\partial \dot\omega_x}\dot\omega_x + \dfrac{\partial M_y}{\partial \dot\omega_y}\dot\omega_y + \dfrac{\partial M_y}{\partial \dot\omega_z}\dot\omega_z \\ \\ M_{z\lambda} = \dfrac{\partial M_z}{\partial \dot v_x}\dot v_x + \dfrac{\partial M_z}{\partial \dot v_y}\dot v_y + \dfrac{\partial M_z}{\partial \dot v_z}\dot v_z + \dfrac{\partial M_z}{\partial \dot\omega_x}\dot\omega_x + \dfrac{\partial M_z}{\partial \dot\omega_y}\dot\omega_y + \dfrac{\partial M_z}{\partial \dot\omega_z}\dot\omega_z \end{cases} \quad (2\text{-}3\text{-}31)$$

将式（2-3-31）中的系数按行、列表示，可表示成以下矩阵形式，即

$$\begin{bmatrix} X_\lambda \\ Y_\lambda \\ Z_\lambda \\ M_{x\lambda} \\ M_{y\lambda} \\ M_{z\lambda} \end{bmatrix} = \begin{bmatrix} \lambda_{11} & \lambda_{12} & \lambda_{13} & \lambda_{14} & \lambda_{15} & \lambda_{16} \\ \lambda_{21} & \lambda_{22} & \lambda_{23} & \lambda_{24} & \lambda_{25} & \lambda_{26} \\ \lambda_{31} & \lambda_{32} & \lambda_{33} & \lambda_{34} & \lambda_{35} & \lambda_{36} \\ \lambda_{41} & \lambda_{42} & \lambda_{43} & \lambda_{44} & \lambda_{45} & \lambda_{46} \\ \lambda_{51} & \lambda_{52} & \lambda_{53} & \lambda_{54} & \lambda_{55} & \lambda_{56} \\ \lambda_{61} & \lambda_{62} & \lambda_{63} & \lambda_{64} & \lambda_{65} & \lambda_{66} \end{bmatrix} \cdot \begin{bmatrix} \dot v_x \\ \dot v_y \\ \dot v_z \\ \dot\omega_x \\ \dot\omega_y \\ \dot\omega_z \end{bmatrix} \quad (2\text{-}3\text{-}32)$$

则 $\lambda$ 为附加矩阵，可表示为

$$\lambda = \begin{bmatrix} \lambda_{11} & \lambda_{12} & \lambda_{13} & \lambda_{14} & \lambda_{15} & \lambda_{16} \\ \lambda_{21} & \lambda_{22} & \lambda_{23} & \lambda_{24} & \lambda_{25} & \lambda_{26} \\ \lambda_{31} & \lambda_{32} & \lambda_{33} & \lambda_{34} & \lambda_{35} & \lambda_{36} \\ \lambda_{41} & \lambda_{42} & \lambda_{43} & \lambda_{44} & \lambda_{45} & \lambda_{46} \\ \lambda_{51} & \lambda_{52} & \lambda_{53} & \lambda_{54} & \lambda_{55} & \lambda_{56} \\ \lambda_{61} & \lambda_{62} & \lambda_{63} & \lambda_{64} & \lambda_{65} & \lambda_{66} \end{bmatrix} \quad (2\text{-}3\text{-}33)$$

当 $i=1,2,3$ 和 $j=1,2,3$ 时，$\lambda_{ij}$ 的量纲是质量；当 $i=1,2,3$ 和 $j=4,5,6$ 或者当 $i=4,5,6$ 和 $j=1,2,3$ 时，$\lambda_{ij}$ 的量纲是质量和长度的乘积，即质量的一次矩；当 $i=4,5,6$ 和 $j=4,5,6$ 时，$\lambda_{ij}$ 的量纲是质量和长度二次方的乘积，即质量的二次矩。根据上述阻尼力和力矩系数的推导过程，武器为回转体则不为零的附加质量只有 8 个，即 $\lambda_{11}$、$\lambda_{22}$、$\lambda_{26}$、$\lambda_{33}$、$\lambda_{35}$、$\lambda_{44}$、$\lambda_{55}$、$\lambda_{66}$，且有 $\lambda_{33}=\lambda_{22}$、$\lambda_{66}=\lambda_{55}$、$\lambda_{35}=-\lambda_{26}$。此时附加质量矩阵可进一步简化为

$$\boldsymbol{\lambda} = \begin{bmatrix} \lambda_{11} & 0 & 0 & 0 & 0 & 0 \\ 0 & \lambda_{22} & 0 & 0 & 0 & \lambda_{26} \\ 0 & 0 & \lambda_{33} & 0 & \lambda_{35} & 0 \\ 0 & 0 & 0 & \lambda_{44} & 0 & 0 \\ 0 & 0 & \lambda_{53} & 0 & \lambda_{55} & 0 \\ 0 & \lambda_{62} & 0 & 0 & 0 & \lambda_{66} \end{bmatrix} \quad (2\text{-}3\text{-}34)$$

4）位置力系数与位置导数

综上所述，当武器攻角、侧滑角不大时，基于流体动力线性假设，并考虑到武器关于纵对称面对称，武器流体动力的研究与确定，可归结为表 2-3-2 所列各流体动力参数。

表 2-3-2　武器流体动力计算所需参数汇总

| 分　量 | 分　类 | | |
|---|---|---|---|
| | 位置力 | 阻尼力 | 惯性力 |
| $X$ | $C_x$ | 0 | $\lambda_{11}$ |
| $Y$ | $C_y^{\alpha}, C_y^{\delta_h}$ | $C_y^{\bar{\omega}_z}$ | $\lambda_{22}, \lambda_{26}$ |
| $Z$ | $C_z^{\beta}, C_z^{\delta_v}$ | $C_z^{\bar{\omega}_y}$ | $\lambda_{33}, \lambda_{35}$ |
| $M_x$ | $m_x^{\beta}, m_x^{\delta_d}, m_x^{\delta_v}$ | $m_x^{\bar{\omega}_x}, m_x^{\bar{\omega}_y}$ | $\lambda_{44}$ |
| $M_y$ | $m_y^{\beta}, m_y^{\delta_v}$ | $m_y^{\bar{\omega}_x}, m_y^{\bar{\omega}_y}$ | $\lambda_{53}, \lambda_{55}$ |
| $M_z$ | $m_z^{\alpha}, m_z^{\delta_h}$ | $m_z^{\bar{\omega}_z}$ | $\lambda_{62}, \lambda_{66}$ |

5）作用在武器上流体动力

（1）流体黏性位置力：

$$\begin{cases} X_{\alpha\mu} = -\dfrac{1}{2}\rho S v^2 C_x \\ Y_{\alpha\mu} = \dfrac{1}{2}\rho S v^2 (C_y^{\alpha}\alpha + C_y^{\delta}\delta_h) \\ Z_{\alpha\mu} = \dfrac{1}{2}\rho S v^2 (C_z^{\beta}\beta + C_z^{\delta}\delta_v) \\ M_{\alpha\mu x} = \dfrac{1}{2}\rho S L v^2 (m_x^{\beta}\beta + m_x^{\delta_v}\delta_v + m_x^{\delta_d}\delta_d) \\ M_{\alpha\mu y} = \dfrac{1}{2}\rho S L v^2 (m_y^{\beta}\beta + m_y^{\delta}\delta_v) \\ M_{\alpha\mu z} = \dfrac{1}{2}\rho S L v^2 (m_z^{\alpha}\alpha + m_z^{\delta}\delta_h) \end{cases} \quad (2\text{-}3\text{-}35)$$

（2）流体黏性阻尼力：

$$\begin{cases} Y_{\omega\mu} = -\dfrac{1}{2}\rho S v^2 C_y^{\bar{\omega}_z}\omega_z \\ Z_{\omega\mu} = \dfrac{1}{2}\rho S v^2 C_z^{\bar{\omega}_y}\omega_y \\ M_{\omega\mu x} = \dfrac{1}{2}\rho S L v^2 ( m_x^{\bar{\omega}_x}\omega_x + m_x^{\bar{\omega}_y}\omega_y ) \\ M_{\omega\mu y} = \dfrac{1}{2}\rho S L v^2 ( m_y^{\bar{\omega}_x}\omega_x + m_y^{\bar{\omega}_y}\omega_y ) \\ M_{\omega\mu z} = \dfrac{1}{2}\rho S L v^2 m_z^{\bar{\omega}_z}\omega_z \end{cases} \quad (2\text{-}3\text{-}36)$$

（3）理想流体惯性力。理想流体对发射离艇武器的作用力与武器对流体作用力大小相等、方向相反，根据动力学方程组，在体坐标系中可表示为

$$\begin{cases} \dfrac{\mathrm{d}\boldsymbol{Q}_f}{\mathrm{d}t} + \boldsymbol{\omega} \times \boldsymbol{Q}_f = -\boldsymbol{R}_\lambda \\ \dfrac{\mathrm{d}\boldsymbol{K}_f}{\mathrm{d}t} + \boldsymbol{\omega} \times \boldsymbol{K}_f + \boldsymbol{v} \times \boldsymbol{Q}_f = -\boldsymbol{M}_\lambda \end{cases} \quad (2\text{-}3\text{-}37)$$

不计武器航行过程中质量及质量分布可能发生的变化，将动量及动量矩、全部外力及外力矩代入上述方程组，并整理可得空间运动动力学方程为

$$\begin{bmatrix} R_{\lambda x} \\ R_{\lambda y} \\ R_{\lambda z} \\ M_{\lambda x} \\ M_{\lambda y} \\ M_{\lambda z} \end{bmatrix} = -\begin{bmatrix} \lambda_{11} & 0 & 0 & 0 & 0 & 0 \\ 0 & \lambda_{22} & 0 & 0 & 0 & \lambda_{26} \\ 0 & 0 & \lambda_{33} & 0 & \lambda_{35} & 0 \\ 0 & 0 & 0 & \lambda_{44} & 0 & 0 \\ 0 & 0 & \lambda_{53} & 0 & \lambda_{55} & 0 \\ 0 & \lambda_{62} & 0 & 0 & 0 & \lambda_{66} \end{bmatrix} \cdot \begin{bmatrix} \dot{v}_x \\ \dot{v}_y \\ \dot{v}_z \\ \dot{\omega}_x \\ \dot{\omega}_y \\ \dot{\omega}_z \end{bmatrix} -$$

$$\left\{ \begin{bmatrix} 0 & -\omega_z & \omega_y & 0 & 0 & 0 \\ \omega_z & 0 & -\omega_x & 0 & 0 & 0 \\ -\omega_y & \omega_x & 0 & 0 & 0 & 0 \\ 0 & -v_{0z} & v_{0y} & 0 & -\omega_z & \omega_y \\ v_{0z} & 0 & -v_{0x} & \omega_z & 0 & -\omega_x \\ -v_{0y} & v_{0x} & 0 & -\omega_y & \omega_x & 0 \end{bmatrix} \times \begin{bmatrix} \lambda_{11} & 0 & 0 & 0 & 0 & 0 \\ 0 & \lambda_{22} & 0 & 0 & 0 & \lambda_{26} \\ 0 & 0 & \lambda_{33} & 0 & \lambda_{35} & 0 \\ 0 & 0 & 0 & \lambda_{44} & 0 & 0 \\ 0 & 0 & \lambda_{53} & 0 & \lambda_{55} & 0 \\ 0 & \lambda_{62} & 0 & 0 & 0 & \lambda_{66} \end{bmatrix} \cdot \begin{bmatrix} v_x \\ v_y \\ v_z \\ \omega_x \\ \omega_y \\ \omega_z \end{bmatrix} \right\}$$

$$(2\text{-}3\text{-}38)$$

得到力的分析结果后,根据武器运动动量和动量矩守恒定律,代入合外力与力矩的分析结果,最终建立武器运动模型。

**助学资源** 军事职业教育平台/慕课水中兵器发射技术/第二章潜艇水平发射安全性分析/第二节外弹道初始阶段/知识点1 外弹道建模(受力分析)

### (三) 动力学方程

为了求解运动模型,首先做出以下假设。

(1) 武器为刚体,其外形关于体坐标系纵平面 $BX_bY_b$ 和横平面 $BX_bZ_b$ 平面对称;

(2) 武器完全浸没在流体介质中,并处于全黏湿状态;

(3) 武器体坐标系原点为各自的浮心;

(4) 流体动力位置力及阻尼力满足线性假设;

(5) 武器的鳍舵是全对称的;

(6) 不计平台在航行过程中可能存在的质量及质量分布的变化;

(7) 不计平台的惯性积项。

为方便武器空间运动矢量模型的建立,定义相关参数如下:

广义方位参数为

$$c = [c_1^T, c_2^T]$$

式中 $c_1$——武器在地面坐标系中的坐标,$c_1 = [x, y, z]^T$;

$c_2$——武器体坐标系相对地面坐标系的欧拉角,$c_2 = [\phi, \psi, \theta]^T$。

广义速度参数为

$$v = [v_1^T, v_2^T]$$

式中 $v_1$——武器体坐标系在地面坐标系中的速度矢量,$v_1 = [v_x, v_y, v_z]^T$;

$v_2$——武器体坐标系相对地面坐标系的旋转角速度,$v_2 = [\omega_x, \omega_y, \omega_z]^T$。

广义力参数为

$$\tau = [\tau_1^T, \tau_2^T]$$

式中 $\tau_1$——武器受到的合外力,$\tau_1 = [F_x, F_y, F_z]^T$;

$\tau_2$——武器受到的合外力矩,$\tau_2 = [K, M, N]^T$。

任何刚体运动都满足基本的动力学方程。武器的基本数学模型是描述其运动规律的,它通常是一微分方程组,其一般形式可表示为

$$\frac{\mathrm{d}Q_i}{\mathrm{d}t}=f[Q_i(t),F_j,T,K_m,U_n]\quad(i=1,2,\cdots,N) \tag{2-3-39}$$

$$F_j=F_j(t),P_k=P_k(t),T=T(t),K_m=K_m(t),U_m=U_m(t) \tag{2-3-40}$$

$$Q_i(0)=Q_{i0}(i=1,2,\cdots,N) \tag{2-3-41}$$

式中 $Q_i$——武器的运动参数，如速度、角速度、位移和姿态角，因为这些量在运动过程中是一种渐变过程而又不成某种比例关系，所以是以微分的形式表示。

$N$——独立运动参数的个数，也表示运动方程组（2-3-39）中的方程个数或阶数；

$F_j$——作用在武器上的流体动力，主要包括由武器自身决定的流体动力，由海洋力学环境决定的流体动力，由风、海流、波浪等海洋环境产生的作用在武器上的流体动力，由流体外边界条件等其他因素决定的流体动力；

$T$——作用在武器上的推力，主要指武器动力系统的推力；

$K_m$——武器的惯性参数，与武器的质量和质量分布有关，主要包括武器质量、重心位置、转动惯量等，也包括浮力与浮心位置等武器的衡重参数；

$U_n$——制导参数，与武器的控制系统有关，最终归结为舵角的变化规律。

依据上述模型，结合动量与动量矩定理，武器六自由度空间运动动力学方程组为

$$\begin{cases}\dfrac{\mathrm{d}\boldsymbol{Q}}{\mathrm{d}t}=\boldsymbol{F}\\ \dfrac{\mathrm{d}\boldsymbol{K}}{\mathrm{d}t}=\boldsymbol{M}\end{cases} \tag{2-3-42}$$

式中 $Q$——动量；

$K$——动量矩；

$F$——合外力；

$M$——作用在质心上的合外力矩。

设武器的重心速度 $V_G$，在体坐标系的坐标为 $\boldsymbol{R}_G(\bar{x}_G,\bar{y}_G,\bar{z}_G)$。根据哥氏法则，代入广义参数，有

$$V_G=v_1+v_2\times\boldsymbol{R}_G \tag{2-3-43}$$

$$\begin{aligned}
\frac{dQ}{dt} &= m\frac{dV_G}{dt} = m\frac{d}{dt}(v_1+v_2\times R_G) \\
&= m\left[\frac{d}{dt}v_1+\frac{d}{dt}(v_2\times R_G)\right] \\
&= m[\dot{v}_1+\dot{v}_2\times R_G+v_2\times\dot{R}_G] \\
&= m[\dot{v}_1+\dot{v}_2\times R_G+v_2\times V_G] \\
&= m[\dot{v}_1+\dot{v}_2\times R_G+v_2\times(v_1+v_2\times R_G)] \\
&= m[\dot{v}_1+\dot{v}_2\times R_G+v_2\times\dot{v}_1+v_2\times(v_2\times R_G)]
\end{aligned} \qquad (2-3-44)$$

根据刚体动量矩定理，在地坐标系中，武器对质心的动量矩随时间的变化律等于外力对质心的力矩之和。根据广义参数定义和哥氏法则，$\tau_2$ 为作用在体坐标系中心上的合外力矩，则有

$$\frac{dK}{dt}=\tau_2-M_G=\tau_2-R_G\times F=\tau_2-R_G\times m\frac{dV_G}{dt}=\tau_2-mR_G\times(\dot{v}_1+v_2\times v_1) \qquad (2-3-45)$$

由刚体转动定律可知

$$K=I_0v_2$$

$$\frac{dK}{dt}=I_0\dot{v}_2+v_2\times(I_0v_2) \qquad (2-3-46)$$

将式（2-3-44）、式（2-3-45）和式（2-3-46）代入式（2-3-42），动力学方程可表示为

$$\begin{cases} m[\dot{v}_1+v_2\times v_1+\dot{v}_2\times R_G+v_2\times(v_2\times R_G)]=\tau_1 \\ I_0\dot{v}_2+v_2\times(I_0v_2)+mR_G\times(\dot{v}_1+v_2\times v_1)=\tau_2 \end{cases} \qquad (2-3-47)$$

式中 $I_0$——武器在体坐标系中的惯性矩阵。

将方程表示为矩阵形式，即

$$M_T\dot{v}+C_T(v)v=\tau \qquad (2-3-48)$$

矩阵 $M_T$ 的唯一参数形式为

$$M_T=\begin{bmatrix} mE_{3\times 3} & -mS(R_G) \\ mS(R_G) & I_0 \end{bmatrix} \qquad (2-3-49)$$

矩阵 $C_T$ 表示水动力的科氏力和向心力，它没有唯一的参数表示形式，在武器的运动方程中可以写为

$$C_T = \begin{bmatrix} \mathbf{0}_{3\times 3} & -mS(\mathbf{v}_1)-mS(\mathbf{v}_2)S(\mathbf{R}_G) \\ -mS(\mathbf{v}_1)+mS(\mathbf{R}_G)S(\mathbf{v}_2) & -S(\mathbf{I}_0\mathbf{v}_2) \end{bmatrix} \quad (2\text{-}3\text{-}50)$$

式中 $E_{3\times 3}$——3 阶特征矩阵；

$\mathbf{0}_{3\times 3}$——3 阶零矩阵；

$S(\mathbf{x})$——矢量 $\mathbf{x}$ 的反对称矩阵，定义为

$$S(\mathbf{x}) = \begin{bmatrix} 0 & -x_3 & x_2 \\ x_3 & 0 & -x_1 \\ -x_2 & x_1 & 0 \end{bmatrix} \quad (2\text{-}3\text{-}51)$$

$C_T$ 和 $M_T$ 的具体形式为

$$\begin{cases} C_T = \begin{bmatrix} 0 & 0 & 0 & m(\bar{y}_G\omega_y+\bar{z}_G\omega_z) & -m(\bar{x}_G\omega_y-v_z) & -m(\bar{x}_G\omega_z+v_y) \\ 0 & 0 & 0 & -m(\bar{y}_G\omega_x+v_z) & m(\bar{z}_G\omega_z+\bar{x}_G\omega_x) & -m(\bar{y}_G\omega_z-v_x) \\ 0 & 0 & 0 & -m(\bar{z}_G\omega_x-v_y) & -m(\bar{z}_G\omega_y+v_x) & m(\bar{x}_G\omega_x+\bar{y}_G\omega_y) \\ -m(\bar{y}_G\omega_y+\bar{z}_G\omega_z) & m(\bar{y}_G\omega_x+v_z) & m(\bar{z}_G\omega_x-v_y) & 0 & -I_{yz}\omega_y-I_{xx}\omega_x+I_z\omega_z & I_{yz}\omega_z+I_{xy}\omega_x-I_y\omega_y \\ m(\bar{x}_G\omega_y-v_z) & -m(\bar{z}_G\omega_z+\bar{x}_G\omega_x) & m(\bar{z}_G\omega_x+v_x) & I_{yz}\omega_y-I_{xx}\omega_x-I_z\omega_z & 0 & -I_{xx}\omega_z-I_{xy}\omega_y+I_x\omega_x \\ m(\bar{x}_G\omega_z+v_y) & m(\bar{y}_G\omega_z-v_x) & -m(\bar{x}_G\omega_x+\bar{y}_G\omega_y) & -I_{yz}\omega_z-I_{xy}\omega_x+I_y\omega_y & I_{xx}\omega_z+I_{xy}\omega_y-I_x\omega_x & 0 \end{bmatrix} \\ M_T = \begin{bmatrix} m & 0 & 0 & 0 & m\bar{z}_G & -m\bar{y}_G \\ 0 & m & 0 & -m\bar{z}_G & 0 & m\bar{x}_G \\ 0 & 0 & m & m\bar{y}_G & -m\bar{x}_G & 0 \\ 0 & -m\bar{z}_G & m\bar{y}_G & I_x & -I_{xy} & -I_{xz} \\ m\bar{z}_G & 0 & -m\bar{x}_G & -I_{yx} & I_y & -I_{yz} \\ -m\bar{y}_G & m\bar{x}_G & 0 & -I_{zx} & -I_{zy} & I_z \end{bmatrix} \end{cases} \quad (2\text{-}3\text{-}52)$$

根据上述分析，将重、浮力（矩）、推力（矩）及流体动力代入式（2-3-48），可以得到动力学方程，即

$$M_T\dot{\mathbf{v}}+C_T(\mathbf{v})\mathbf{v}=F_G+F_B+F_R+F_T \quad (2\text{-}3\text{-}53)$$

式（2-3-53）再补充运动学方程式（2-3-54），即为武器的水下六自由度空间运动矢量方程，它由 15 个方程式组成。其中 $\alpha$、$\beta$、$v$、$v_x$、$v_y$、$v_z$、$\omega_x$、$\omega_y$、$\omega_z$、$\phi$、$\psi$、$\theta$、$x$、$y$、$z$ 共 15 个参数是未知的，其余参数已知，因此方程的解是唯一的。

$$\begin{cases}
\dot{\theta} = \omega_y \sin\phi + \omega_z \cos\phi \\
\dot{\psi} = \omega_y \sec\theta\cos\phi - \omega_z \sec\theta\sin\phi \\
\dot{\phi} = \omega_x - \omega_y \tan\theta\cos\phi + \omega_z \tan\theta\sin\phi \\
\dot{x} = v_x \cos\theta\cos\psi + v_y(\sin\psi\sin\phi - \sin\theta\cos\psi\cos\phi) + v_z(\sin\psi\cos\phi + \sin\theta\cos\psi\sin\phi) \\
\dot{y} = v_x \sin\theta + v_y \cos\theta\cos\phi - v_z \cos\theta\sin\phi \\
\dot{z} = -v_x \cos\theta\sin\psi + v_y(\cos\psi\sin\phi + \sin\theta\sin\psi\cos\phi) + v_z(\cos\psi\cos\phi - \sin\theta\sin\psi\sin\phi)
\end{cases}$$

$$(2\text{-}3\text{-}54)$$

方程求解步骤：根据操舵规律和初值，从动力学方程中求出 $v_x$、$v_y$、$v_z$、$\omega_x$、$\omega_y$、$\omega_z$，再代入运动学方程中，求出 $\alpha$、$\beta$、$v$、$\phi$、$\psi$、$\theta$、$x$、$y$ 和 $z$。

为方便分析初始弹道安全性，将六自由度空间运动模型分解成纵向运动方程和横向-横滚运动方程。简化方法是舍弃对运动影响不大的参数，如在纵向运动方程中就将侧滑角、偏航角等参数人为设定为零，运用矛盾分析理论，将运动中的主要矛盾突出，而将次要矛盾大胆舍弃。

**1. 纵向运动方程**

武器的浮心在垂直面内的平移运动和绕 $BZ_b$ 轴转动的合成运动称为纵向运动。在纵向运动中，设运动参数 $\beta$、$\omega_x$、$\omega_y$、$\omega_z$、$\phi$、$\psi$、$z$ 均为零，代入方程式（2-3-48）纵向运动动力学方程，可得

$$M_Z \dot{v}_Z + C_Z(v) v_Z = F_Z \tag{2-3-55}$$

式中

$$v_Z = \begin{bmatrix} u \\ v \\ r \end{bmatrix}$$

$$M_Z = \begin{bmatrix} m+\lambda_{11} & 0 & 0 \\ 0 & m+\lambda_{22} & m\bar{x}_G+\lambda_{26} \\ 0 & m\bar{x}_G+\lambda_{26} & I_z+\lambda_{66} \end{bmatrix}$$

$$C_Z(v) = \begin{bmatrix} 0 & 0 & 0 \\ m\omega_z & 0 & 0 \\ 0 & 0 & m\bar{x}_G v_x \end{bmatrix}$$

$$F_Z = \begin{bmatrix} T - \Delta G\sin\theta + \dfrac{1}{2}\rho v^2 SC_x \\ -\Delta G\cos\theta + \dfrac{1}{2}\rho v^2 S(C_y^\alpha \alpha + C_y^{\bar{\omega}_z}\omega_z + C_y^{\delta_h}\delta_h) \\ G(-\bar{x}_G\cos\theta + \bar{y}_G\sin\theta) + \dfrac{1}{2}\rho SLv^2(m_z^\alpha \alpha + m_z^\delta \delta_h + m_z^{\bar{\omega}_z}\omega_z) \end{bmatrix}$$

运动学方程化简为

$$\begin{cases} \dot{\theta} = \omega_z \\ \dot{x} = v_x\cos\theta - v_y\sin\theta \\ \dot{y} = v_x\sin\theta + v_y\cos\theta \\ v = \sqrt{v_x^2 + v_y^2} \\ \alpha = \arctan\left(-\dfrac{v_y}{v_x}\right) \end{cases} \quad (2\text{-}3\text{-}56)$$

联立式（2-3-55）和式（2-3-56）即可得到纵向运动方程组。

**2. 横向-横滚运动方程**

武器的浮心在水平面内的运动和绕 $BX_b$、$BY_b$ 轴转动的合成运动称为横向-横滚运动。在横向-横滚运动中，$v_y$、$\omega_z$、$y$ 等于 0，$\theta$ 为小量，可近似认为 $\sin\theta = 0$，$\cos\theta = 1$。代入方程式（2-3-48）横向-横滚运动动力学方程，可得

$$M_H \dot{v}_H + C_H(v) v_H = F_H \quad (2\text{-}3\text{-}57)$$

式中

$$v_H = \begin{bmatrix} v_z \\ \omega_x \\ \omega_y \end{bmatrix}$$

$$M_H = \begin{bmatrix} m+\lambda_{33} & 0 & -(m\bar{x}_G - \lambda_{35}) \\ 0 & I_z + \lambda_{44} & 0 \\ -(m\bar{x}_G - \lambda_{35}) & 0 & I_y + \lambda_{66} \end{bmatrix}$$

$$C_H(v) = \begin{bmatrix} 0 & 0 & -mv_x \\ 0 & 0 & -mv_x\bar{y}_G \\ 0 & 0 & m\bar{x}_G v_x \end{bmatrix}$$

$$F_H = \begin{bmatrix} \Delta G\sin\phi + \frac{1}{2}\rho v^2 S(C_z^\beta \beta + C_z^{\delta_v}\delta_v + C_z^{\bar{\omega}_x}\omega_x + C_z^{\bar{\omega}_y}\omega_y) \\ -\bar{x}_G G\sin\phi + \frac{1}{2}\rho v^2 SL(m_y^{\bar{\omega}_x}\omega_x + m_y^{\bar{\omega}_y}\omega_y + m_y^\beta \beta + m_y^{\delta_v}\delta_v) \\ G(\bar{y}_G \sin\phi + \bar{z}_G \cos\phi) + \frac{1}{2}\rho v^2 SL(m_x^\beta \beta + m_x^{\delta_v}\delta_v + m_x^{\delta_d}\delta_d + m_x^{\bar{\omega}_x}\omega_x + m_x^{\bar{\omega}_y}\omega_y) \end{bmatrix}$$

运动学方程化简为

$$\begin{cases} \dot{\phi} = \omega_x \\ \dot{\psi} = \omega_y \cos\phi \\ v = \sqrt{v_x^2 + v_z^2} \\ \beta = \arcsin\left(\dfrac{v_z}{v}\right) \\ v_x = v_y \cos\beta \\ \dot{x} = v_x \cos\psi + v_z \sin\psi \cos\phi \\ \dot{y} = -v_x \sin\psi + v_z \cos\psi \cos\phi \end{cases} \quad (2\text{-}3\text{-}58)$$

联立式（2-3-57）和式（2-3-58），即可得到横向-横滚运动方程组。

**助学资源** 军事职业教育平台/慕课水中兵器发射技术/第二章潜艇水平发射安全性分析/第二节外弹道初始阶段/知识点2 外弹道建模（模型建立）

## 二、外弹道初始阶段发射安全性仿真分析

以发射鱼雷武器为例，鱼雷质量为1850kg，排水量为1300L，长度为6.6m，半径为0.267m，流体阻力系数为-0.0029。影响初始弹道安全性的主要方面是鱼雷在铅垂平面上的运动，如袋深、俯仰角、俯仰角速度等，由此只对鱼雷纵向运动进行弹道仿真，仿真流程如图2-3-10所示。在初始弹道阶段，鱼雷主要按照既定程序运行，横舵实施管制，考虑到发射特点，选取初始攻角、初始纵倾角、初始角速度、横舵管制舵角都为0°，发射深度为水下50m，一次转角变化由左、右舷报警舰壳声呐接收到的舷角决定，而不同初始速度下对鱼雷初始运动影响仿真曲线如图2-3-11所示。

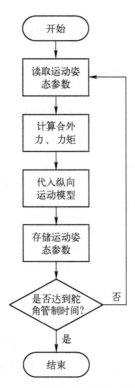

图 2-3-10　外弹道初始阶段仿真流程框图

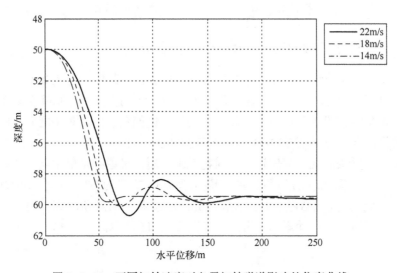

图 2-3-11　不同初始速度对鱼雷初始弹道影响的仿真曲线

鱼雷初始速度增大，则下潜趋势增大，袋深增加，且过渡过程不平滑，起伏幅度较大，初始弹道非控段经过的水平位移加大，当初始速度过大时不利于姿态的调整；发射后如果初始速度过小，则在初始阶段会产生较大的攻角，不利于武器的安全性。

为保证发射过程中的安全性，鱼雷的运动轨迹不能与潜艇运动轨迹相交且应保证一定余量，若相交则证明鱼雷会与潜艇发射碰撞，表明发射过程不安全。因此，选择潜艇底部作为特征点，分析在不同艇速条件下鱼雷与潜艇的运动情况（不考虑发射后潜艇机动对运动轨迹的影响），从而确定鱼雷的最低安全出管速度。

初始速度为14m/s条件下，为鱼雷满足航行条件的最小出管速度，鱼雷深度随时间变化如图2-3-12所示。

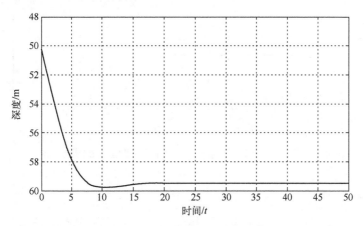

图2-3-12　深度随时间变化趋势

潜艇底部距1、2、3、4号发射管中轴线垂直距离约为6.85m，在初始速度为14m/s条件下，武器下降到此距离所需时间为4.486s。分别选取艇速12kn、14kn作为计算艇速。为简化计算，潜艇与鱼雷相对位置按照出管位置点的垂面于鱼雷运动的相对距离来计算，则潜艇与鱼雷位置关系如图2-3-13～图2-3-15所示。

鱼雷出管后，相对地面的水平速度 $v_{x0}$ 做变减速运动，初始水平速度为14m/s。

（1）艇速为14kn，发射3.04s后鱼雷与潜艇相对距离最大为9.24m，此时深度 $y_0$ 下降到55.29m；当4.486s时，鱼雷与潜艇相对距离为7.63m。

（2）艇速为12kn，发射3.96s后鱼雷与潜艇相对距离最大为12.82m，此

时深度 $y_0$ 下降到 56.29m；当 4.486s 时，鱼雷与潜艇相对距离为 12.15m。

由仿真结果可以看出，最大艇速 12kn 可以保证鱼雷在初始弹道不稳定阶段发射的安全，随着艇速的增加，鱼雷与艇体相对距离逐渐减小，初始弹道不稳定阶段安全性越不能保证，即艇速越高，鱼雷与艇体发生碰撞的概率就越大，发射时安全性降低。因此，在初始阶段艇速不宜过高。

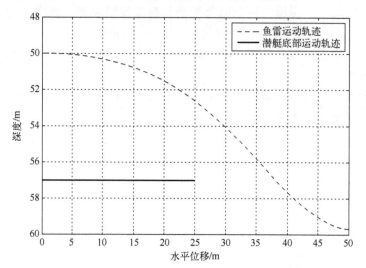

图 2-3-13　艇速 12kn 下武器与潜艇位置曲线

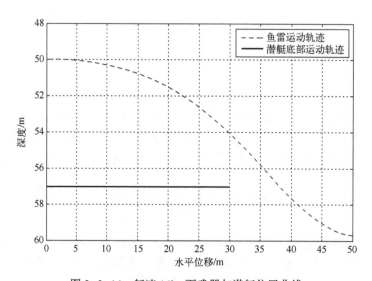

图 2-3-14　艇速 14kn 下武器与潜艇位置曲线

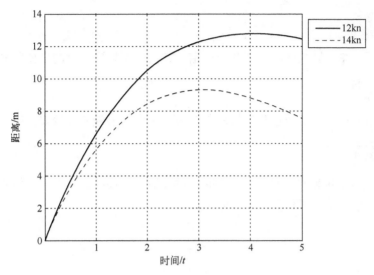

图 2-3-15　鱼雷与潜艇相对距离

# 小　结

为方便后续章节深入研究、分析典型发射技术的发射安全性,本章重点使用仿真分析技术,以水中兵器发射的中间弹道和外弹道初始阶段为主要研究对象,建立了中间弹道和外弹道数学模型,使用 MATALAB 语言建立仿真程序,明确了利用水下发射弹道模型进行发射安全性分析的数学原理和仿真分析方法,为后续章节典型发射技术发射能量调整可行性分析提供有效工具。

**思考与练习**

**记　忆**

1. 中间弹道的定义是什么?
2. 中间弹道的安全要求是什么?

**理　解**

发射初速度对发射安全性有何意义?

**分析**

分析、总结影响中间弹道和外弹道初始阶段发射安全性的主要因素。

**评估**

利用某型鱼雷发射过程模拟软件分析评估发射出管速度的安全范围。

**创造**

利用 Simulink 软件设计评估中间弹道发射安全性的仿真程序。体会编程的严谨性，总结确保工作严谨、高效的方法。

# 第三章 自航发射技术

**本章导读**：潜艇采用的武器发射技术最早起源于自航式发射技术。自航式发射就是发射时利用武器本身的动力装置产生的推力将武器推出发射管。使用此种发射技术的发射装置结构简单，对平台的要求低，适合安装在排水量较小的水下平台。目前大型和超大型无人水下航行器（UUV）都作为察打一体的水下作战平台，主要完成超情报监视与侦察、水雷战、反水雷、反潜、反舰、电子战、直接打击等多种任务。其中大型 UUV 直径介于 533~2134mm 之间，超大型 UUV 指直径大于 2134mm，如美国的大型无人水下航行器 MANTA 可装载鱼雷、导弹或水雷等武器。MANTA 排水量达到 50t，可携带 4 枚重型鱼雷。"海神（Proteus）"双模无人潜航器在 2017 年高级海军技术演习期间成功完成了对抗性战斗空间的无人任务测试，该型无人航行器里配置了货舱，可搭载 180kg 载荷，可以携带 MK67 水下机动水雷或 MK54 鱼雷。"虎鲸"超大型无人潜航器可作为打击平台对舰（潜）艇或其他高价值目标实施打击。根据不同任务要求，搭载不同任务载荷舱执行作战任务，携带的武器类型包括水雷、重型鱼雷、巡航导弹等。俄罗斯"波塞冬"核动力无人潜航器可携带直径达到 1.6m 的鱼雷，一旦装上核弹头，相当于 $2\times10^6$t 的 TNT 当量。无人水下航行器武器发射技术是目前的研究热点，也是丰富水下攻击、提升水下攻防能力的重要手段。考虑目前无人平台的承载能力和排水量，无人水下航行器发射武器的首选发射技术就是自航发射技术。

本章通过优化自航发射管线型解决无人水下航行器自航发射武器的问题，创新设计具备水下攻击能力的无人水下航行器是提升水下作战能力的重要手段，也是科技创新提升战斗力的最直接体现。依托自航发射技术实现无人航行器水下实射武器，必须创新设计自航发射装置以适合无人水下航行器的体积，同时满足发射安全要求。本章将指导你利用自航发射技术优化自航发射管线型，通过借鉴鱼雷在敞水状态下的运动特性，综合鱼雷在发射管内运动时一些固有的特点，逐步对自航发射数学模型进行完善。建立自航发射装置内弹道数学模型，并利用模型对自航发射过程内弹道进行了仿真分析，满足无人水下航行器自航发射鱼雷武器的要求。通过本章的学习，你将理解自航发射技术的原理和数学模型，熟练掌握仿真分析方法，初步领会工程设计的主要思路。本章导读思维导图如图 3-0-1 所示。

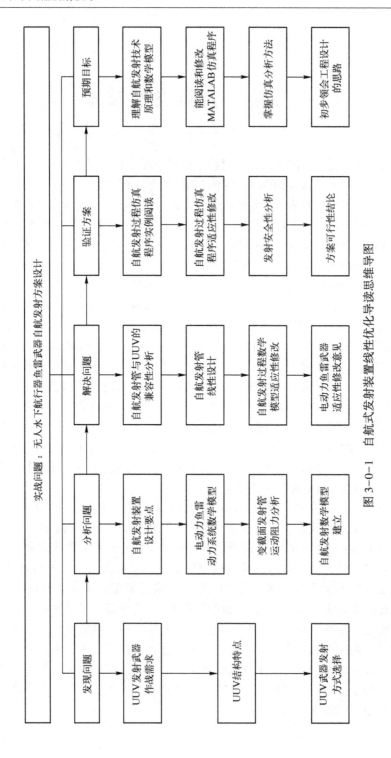

图 3-0-1 自航式发射装置线性优化导读思维导图

## 第一节　自航发射原理及适应性

自航式发射装置也叫游出式发射装置，潜艇采用自航式发射方式发射鱼雷时，鱼雷动力装置在发射管内启动，鱼雷依靠自身动力航行出管，一般主要用于发射电动力鱼雷。单纯的自航式发射装置结构比较简单，仅仅需要一组发射管。

自航发射技术由于在管内启动鱼雷的动力装置，鱼雷借助螺旋桨的推力出管，因而对鱼雷动力有所要求，通常要求为电动力，因为它没有废气排出，且在补水充分的前提下，不会在发射管内形成影响螺旋桨效率发挥的"空穴"；而且这种发射技术对于所发射的电动力鱼雷的电机特性有较高的要求，必须具有良好的启动特性，在短时间内能达到额定转速。由于艇上安装布置的要求，发射管的管径和长度同样受到限制。因此，无论是补水的充分性还是鱼雷加速段都受到了限制。加之螺旋桨在管内流场与在无限流场工作环境的差别，短时间之内不可能发挥其效率，自航发射鱼雷的出管速度普遍偏低，通常采用等截面发射管发射的鱼雷出管速度为5m/s左右，就是性能好的自航发射装置其鱼雷的出管速度也只有 7.5~9m/s，因此自航发射技术在潜艇上的应用受到一定的限制。但是这种发射方式具有自身的诸多优点，如无需潜艇提供额外的能量、能保证无泡发射、不会产生发射结构振动噪声。此外，结构也相对简单、体积小、重量轻、性能比较可靠以及不受发射深度的影响等，不论是从节能还是从隐蔽性以及简化发射装置的角度来看，都有其应用价值。至于目前的出管速度偏低问题，随着人们对该型发射技术的深入研究、不断完善、不断发展，在合适的艇体结构及发射艇速下，鱼雷的安全出管和安全离艇是可以保证的。

自航发射的技术水平，除了要求发射管有合理的管径和长度以外，还要求鱼雷动力装置具有较好的启动特性。目前装艇使用的自航式发射管有两种情况：一是等截面发射管；二是变截面发射管。自航式发射装置固有的弱点：一是不能发射无动力的武器，如水雷；二是不能发射热动力鱼雷，因为热动力鱼雷的主机按要求通常是在发射离管后延迟启动，决不允许在发射管里启动工作，同时也不允许鱼雷主机工作时产生的有害气体进入潜艇舱室；三是由于潜艇的结构尺寸限制，发射管体不能太长，这就导致鱼雷增速不够就出管，致使鱼雷的出管速度偏低。

由于在发射时没有废气排出，能保证无泡发射。在补水充分的前提下，不会在发射管内形成影响螺旋桨效率发挥的"空穴"，没有发射形成的机械噪声，因此无论从节能还是从隐蔽性和简化发射装置来看，自航发射技术还是具有明显的优点和应用价值。自航发射技术除保持依靠鱼雷自身的动力来降低鱼雷发射噪声外，其自身也在不断地发展和完善，在新型的自航发射管上应增加相应的辅助手段，这些系统不仅能够实现应急发射或抛射鱼雷（自航发射发生故障时），降低自航发射的故障率，还能够布放水雷和发射导弹，丰富发射武器的种类。

## 第二节  自航发射装置设计要点

### 一、水下发射涉及的主要技术问题

设计发射装置就必须对水下发射涉及的主要技术问题有所了解，在充分分析问题后通过设计找到解决问题的方法。

#### （一）发射武器的安全性

水下发射的安全性含义较广，可以大致归结为两个方面、五个关注点。

两个方面指：艇员健康及人身安全保证方面；发射艇、发射装置及被发射武器的安全保证方面。

五个关注点包括以下内容。

（1）武器在发射管内储存的安全，如管内的武器能否得到有效的保护避免外界伤害，提供合适的储存和工作环境条件，武器在储存中产生的有害气体能否及时释放，武器需要补充的气、电等物质能否得到补充等。

（2）发射时的操作安全，发射要具有安全互锁，避免偶尔的误操作产生误发射及发生影响发射装置及全艇的安全事故。

（3）水下发射的隐蔽性，主要保证发射武器时不要产生暴露发射艇位置和武器攻击意图的气泡和噪声，避免敌方反击或拦截所发射的武器。

（4）水下发射时的人身安全，主要是发射要安全操作，避免高压气、高压电对人员的伤害，以及发射过程中不产生足以影响艇员健康的噪声和舱室压力增量等。

（5）武器出管及离艇的安全，包括发射过程中武器能否无卡滞地顺利运动及出管、能否不与艇体结构相碰顺利通过发射平台区域直至离开发射艇，以及保证武器离艇后从非操纵段运动顺利过渡到正常航行阶段。

#### （二）主要结构强度及稳定性计算

对于大深度发射技术来说，管体在高压环境下的承载能力是要考虑的重要问题，如果管体在外压作用下发生强度或稳定性破坏，武器就不能顺利出管，这不仅会贻误战机，甚至会威胁到潜艇自身的安全，因此对管体进行强度和稳定性分析是设计中的重要环节。

发射管的管体为便于安装到潜艇内，通常由几段组成，如前段、中段和后段。管体在穿过潜艇各水舱、耐压壳体处需要进行焊接连接，由于这些刚性连接的存在，潜艇在深潜时的艇体变形会使管体轴线发生一定的变形。此外，管体还会受到自身重力和管体储存的武器重力作用，这些力也会使管体在横向发生弯曲变形，造成不利影响，所以对于设计得到的管体还需要进行该方面的强度计算和实验。

另外，发射装置中负责能量转换的主要运动部件，如液压平衡式发射装置中的气水缸活塞、空气涡轮泵发射装置中的空气涡轮机叶轮等，对这些部件运动状态下的力学性能进行研究，可以防止发生不可恢复的塑性变形，保证材料所承受的应力仍然在弹性范围内，构件整体不会发生"破坏"或失效。

（三）抗电磁干扰设计

水下发射装置是一个复杂的机电一体化系统，除了管体及管体上机械系统、发射系统、液压控制系统、水压平衡系统等机械设备外，还包括控制台、接线盒、独立部件等电子设备。依靠这些电子设备，完成水下发射装置自身的发射控制及水下发射装置与潜艇指挥作战中心的通信。

潜艇是一个封闭的工作空间，里面安装了很多电子设备，因此，水下发射装置受到的电磁干扰是很强的。同时，在潜艇计算机控制系统中，被控对象和潜艇指挥作战中心之间往往存在较长的距离，信号线和控制线都为长导线，这样，这些电磁场的存在和变化都将以不同的途径和方式混入信号中，而控制系统的输入输出往往是一种较微弱的直流或变化的交变信号，干扰会影响信息的正常传输，使程序"跑飞"或进入死循环。

解决干扰问题采取两种途径：一是采取一些硬件措施减小干扰的影响，如信号接地、安全接地、屏蔽、滤波、隔离等；二是在软件上增加滤波功能以提高抗干扰能力。有关抗电磁干扰设计的著作很多，本书不再赘述。

（四）内弹道和发射系统设计

发射技术的核心是内弹道与发射系统设计。

内弹道：指武器圆柱面离开发射管前气密环（或水密环）之前的运动规律。而在一定的发射管长度和允许的发射管膛压条件下，合理确定管内运动规律，称为内弹道设计。

发射装置内弹道设计的目的是根据发射装置的战技指标，采用不同的近似方法，快速求解武器管内运动参数。

发射系统设计主要是如何确定发射气瓶的能量储备与发射阀出流面积，使武器能达到预期的出管速度。这也是本书进行发射装置相关设计，解决实际问题的基础和重点研究的内容。

### （五）密封技术

防止机器设备的泄漏对工业生产来说是必须解决的关键问题之一。正是由于密封的普遍性和重要性，近一个世纪以来，已形成一门专门研究密封规律、密封装置设计和密封原理的新科学——密封学。密封在工程上也已经发展成为一门专门的技术。

潜艇发射装置是通海设备，也是潜艇耐压结构的组成部分。随着潜艇极限下潜深度的不断增加，对发射装置的最大发射深度的要求也在不断提高。因此，从提高发射装置的安全性、可靠性、增大发射深度范围，从而实现大深度发射的角度出发，发射装置密封结构设计愈发重要。此外，填料密封、垫片密封、密封圈密封等在潜艇发射装置运动部件中也有较多的应用，限于篇幅，本书对发射技术涉及的密封技术不展开进行讨论。

### （六）发射振动与噪声的控制

潜艇在海上执行作战任务的过程中其作战任务的完成，在很大程度上取决于隐蔽性的实现与保持。潜艇一旦失去隐蔽性，从某种意义上来说就意味着丧失了其生存能力和作战能力。随着反潜探测技术的不断发展和完善，逐步形成了太空、空中、水面和水下的综合作战系统，使潜艇在海洋中保持隐蔽性的优势正面临着日益严峻的挑战。

水下发射武器及器材时，对隐蔽性的要求通常包括两方面：一是噪声要小；二是水面不应有气泡或水柱。根据现在的情况来看，提高潜艇发射隐蔽性的难点和关键在于降低武器发射噪声。

潜艇的辐射噪声是敌方舰艇声呐系统进行探测和跟踪的主要目标，是衡量潜艇隐蔽性的重要指标，因此，如何降低发射装置的发射噪声，也就成为潜艇减振降噪的一项重要研究内容。

## 二、安全互锁设计

发射管的管上机械的状态是实施发射的必要条件；同时发射管为潜艇上的通海设备，各管上机械之间应设置互锁机构，以防止因误操作而使舷外海水进入潜艇。互锁机构的形式有机械互锁、油路互锁、气路互锁、电路互锁。互锁机构要实现两个方面的功能：一是发射安全性互锁，只有在所有部件处于发射准备位置，管内武器姿态限定解除的情况下，才能进行武器的发射，通过气路、油路和电路互锁实现；二是通海的管上机械之间使用安全性互锁，如前后盖互锁、前盖与注疏水系统互锁等，防止舷外海水进入潜艇耐压舱和专用水舱。机械互锁通过互锁块或锁定销直接阻碍传动机构的运行实现，气路和油路互锁通过为关键部件设计互锁阀，只有在部件处于满足安全发射要求位置时，互锁阀才能接通，使工作介质如压缩空气或液压油通过，空气发射系统或液压系统方能正常工作。电路互锁通过为关键部件设置位置传感器，电控系统通过位置传感器采集部件位置并与安全发射流程进行对照，只有部件位置状态符合安全发射要求时，电控系统才会发出下一步控制指令；否则将停止发射控制流程，从而实现电控互锁。

### 三、自航发射管的线型设计

自航发射技术实现的主体就是自航发射管，受自航发射管内非定常局限性边界条件和鱼雷内弹道受力的影响，与动力型发射装置相比较，自航发射的鱼雷出管速度较低。为了提高鱼雷的出管速度，就需要增加自航管的长度并设计发射管的线型，这就造成了鱼雷出管速度与装置总体布局之间的矛盾。如何在保证鱼雷发射安全性的前提下尽可能优化发射管线型、减小自航管的尺寸，这是自航发射装置设计中所要解决的主要问题，也是本书重点关注的问题。

实现自航发射需具备两方面的条件：一是鱼雷必须能够在发射管中启动动力系统，并且这种在发射管中的启动不会对发射过程、发射装置以及艇员造成不利的影响；二是在自航发射过程中，海水必须能够自由进入发射管，以充填由于鱼雷向外游动而引起的发射管内空间的变化。发射时，鱼雷在管中启动动力系统，带动推进器工作，推动鱼雷出管。鱼雷向外移动时管内空间不断增大，转动的推进器将管外的海水经鱼雷与发射管之间的间隙吸入发射管，以实现补水。为了保证艇外海水能顺利进入发射管，自航发射时，发射管的内径要比鱼雷大。发射533mm口径的鱼雷时，国外自航发射管的口径一般在710mm左右。有计算分析认为，为保证顺利补水，自航发射管的内径至少应不小于690mm，过小将增大海水进入发射管时的阻力，影响鱼雷的出管速度。因此，发射管应具有较大直径，以便海水顺利进入发射管后端，实施对管内的有效补水，这是鱼雷发射管实现自航发射所必须具备的前提条件。除了整体提升发射管的直径外，还可以采用变截面的发射管。图3-2-1给出了一种典型的自航式发射管结构原理，它是德国MAK自航式鱼雷发射管所采用的结构。它采用变截面结构，管体由后管、中管和前管组成。后段内径与533mm鱼雷直径加上环形间隙相同，其值约为580mm，中段直径为1.38~1.40倍鱼雷直径，其值为740mm。采用大口径管主要是为了保证发射鱼雷时能从发射管前端补进足够的海水,这既是平衡发射的需要,也是为了保证鱼雷螺旋桨能正常工作。

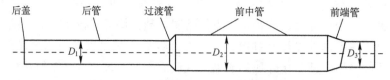

图 3-2-1 自航式鱼雷发射装置的管体结构

用自航发射技术发射鱼雷时,鱼雷启动后,鱼雷螺旋桨向后推水从而产生推力使鱼雷向前运动。这时需要有足够的海水来填补鱼雷前进后在鱼雷尾部形成的空间,以保证螺旋桨正常工作。因此鱼雷发射管内径就必须比有动力发射鱼雷的发射管有所增大,使海水能从发射管的前端经发射管与鱼雷之间的环形间隙充分流进管内。

对于等截面的自航发射管,管径的横截面积有以下关系,即

$$S_g = S_T + S_{hj} \tag{3-2-1}$$

式中 $S_g$——自航式发射管的横截面积;

$S_T$——鱼雷圆柱段横截面积;

$S_{hj}$——鱼雷与发射管之间的环形间隙面积,即发射管的横截面积减去鱼雷横截面积的差值。

$S_{hj}$ 与 $S_T$ 的比值一般在 0.4~0.5 之间,故可得出发射管的内径为

$$d_g = \sqrt{\frac{4S_g}{\pi}} = (1.18 \sim 1.22)d_T \tag{3-2-2}$$

式中 $d_T$——鱼雷圆柱段直径。

对于变截面的发射管有 3 种内径（图 3-2-1）。其中后段管内径的大小以可容下鱼雷的螺旋桨为限。在发射管的中段管中,即当鱼雷行程达到该段时,一般获得 2~3m/s 的管内速度,此时补水的速度降为 6~8m/s（此速度是相对于发射管的水流速度）,如果这时再不扩大发射管的内径,补水速度就减小,因而中段管的内径应大于后段管。一般中段管的环形间隙面积与鱼雷横截面积之比为 0.9 左右。前段管做成收缩锥形状的目的是便于设计发射管的前盖和减阻板的操作力。变截面发射管的各段一般通过渐扩或渐缩的过渡管连接。

自航发射管的线型（不同段管的截面内径变化）直接决定了发射时武器的出管速度,也是自航发射装置设计应该着重考虑的因素。对线型进行设计,就必须了解自航发射装置的内弹道方程,对线型变化引起的出管速度变化进行仿真分析,从而完善设计,确保可行性。

## 第三节　自航发射内弹道模型

由于研究的是内弹道特性，也就是鱼雷尾端面离开发射管前端面之前的运动轨迹，鱼雷在运动时受到发射管的限制，在内弹道范围内鱼雷始终保持在发射管轴向方向进行运动，因此运动方程只考虑纵向运动一个维度就可以了。在建立自航发射内弹道数学模型时，可以首先借鉴鱼雷在敞水状态下的运动特性；然后再根据鱼雷在发射管内运动时一些固有的特点逐步对模型进行完善。由鱼雷航行力学可知，纵向运动时鱼雷主要受到两个力，一是螺旋桨的推力$T$，二是流体阻力$R_x$。而鱼雷在自航式发射管内运动时，考虑到自航式发射管的后端面必须保持密封，随着鱼雷的运动，海水必须从发射管的前端口通过鱼雷与管体之间的间隙流到发射管的后部，边界条件对鱼雷运动特性和流体参数的影响不可忽视，不仅推力$T$和阻力$R_x$在计算时有别于敞水状态，同时还要考虑补水时由鱼雷与管体之间的流动损失所造成的雷体前后压差对鱼雷形成的附加阻力，包括沿程损失附加阻力$R_f$和局部损失附加阻力$R_j$。另外，管内运动时管体与鱼雷之间的接触还会产生摩擦阻力$R_c$，鱼雷受力情况分析如图3-3-1所示。最终可以确定鱼雷在自航管内运动时主要的受力包括推力$T$、流体阻力$R_x$、流动损失附加阻力$R_h$以及摩擦阻力$R_c$，根据牛顿第二定律便可以建立鱼雷在自航管内的运动方程，也就是自航发射的内弹道数学模型。下面给出模型的建立过程。

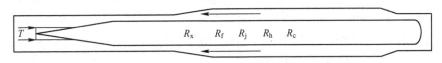

图3-3-1　鱼雷受力情况示意图

## 一、基本条件

在大口径的管状发射管中，管内启动后鱼雷是在非定常局限的边界条件下运动，鱼雷的速度及其周围的补水流速不断变化，使鱼雷在非定常流场中运动，所以鱼雷内弹道运动情况极为复杂。为简化计算，通常需进行以下假设：

（1）采用定常假设求解鱼雷阻力及流体阻力；

（2）忽略鱼雷重心、浮心、流体动力压心引起的力矩影响；

（3）由于管径较大，出水口径又非圆滑，鱼雷和水有相对运动，故认为流动一开始处于紊流状态；

(4) 不考虑不同阻力之间的相互耦合影响；

(5) 只讨论鱼雷水下发射的情况，故认为兴波阻力可以忽略。

## 二、鱼雷运动方程

根据上述假设以及鱼雷受力分析，鱼雷在发射管内的内弹道运动方程可写为

$$(m_t + \lambda_{11}) \frac{dv_t}{dt} = T - R_x - R_f - R_j - R_c \quad (3-3-1)$$

式中　$m_t$——鱼雷质量；

　　　$v_t$——鱼雷在管内运动速度；

　　　$\lambda_{11}$——鱼雷在轴向方向上的附加质量。

## 三、对附加质量的探讨

对于附加质量的确定并不能简单沿用敞水状态下的数值。首先研究附加质量的意义。当鱼雷在流体介质中做变速运动时，鱼雷周围的每一流体质点均产生随时间而变化的速度，此速度的大小与鱼雷的形状、重心、速度等有关，这种由于克服流体质点的惯性而作用在鱼雷上的流体作用力称为流体惯性力。流体惯性力与加速度的比例常数称为附加质量。所以，有时又把惯性力称为加速度系数，附加质量和加速度系数作为表达流体动力的加速度项中的比例常数，在数值上相等，仅差一个负号。附加质量只与鱼雷的形状、大小及其运动方向有关，而与速度大小无关。附加质量还与流体密度有关，显然，在水中运动的鱼雷其附加质量较大，而在空气中运动的物体附加质量甚小。关于附加质量的计算和确定方法可自行参考相关文献。

对于自航发射来说，附加质量的确定则相对复杂一些。在自航发射过程中，鱼雷向前运动的同时发射管前端的水要通过鱼雷与发射管内壁之间的环形间隙向鱼雷尾部进行补水，此时鱼雷的运动要额外克服"补水"向后运动的惯性力，按照附加质量的定义，则相当于增加了鱼雷在前进方向的附加质量。

假设鱼雷在时间 $dt$ 向前运动 $dx_1$，此时管内补水微元向后运动距离为 $dx_2$，如图 3-3-2 所示。

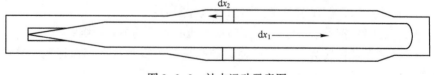

图 3-3-2　补水运动示意图

根据连续性条件，有

$$S_t dx_1 - S_w dx_2 = 0 \qquad (3-3-2)$$

式中 $S_t$——积分微元处鱼雷横截面积；
$S_w$——积分微元处发射管与鱼雷之间的环形面积。

对式（3-3-2）求时间的二次导数，则可得积分微元的运动加速度为

$$\frac{d^2 x_2}{dt^2} = \frac{S_t}{S_w} \frac{d^2 x_1}{dt^2} \qquad (3-3-3)$$

令 $a_1 = \frac{d^2 x_1}{dt^2}$，$a_2 = \frac{d^2 x_2}{dt^2}$，则由补水产生的惯性力可表示为

$$R_g = \int_m a_2 dm = \int_L a_2 \cdot S_w \cdot \rho dx_2 = \int_L \frac{S_t}{S_w} a_1 \cdot S_w \cdot \rho \cdot \frac{S_t}{S_w} dx_1 = a_1 \cdot \rho \int_L \frac{S_t^2}{S_w} dx_1 \qquad (3-3-4)$$

式中 $\rho$——流体介质密度（kg/m³）；
$L$——鱼雷在管内的长度（m）。

也就是说，由于自航发射的补水运动，使鱼雷具有的附加质量可表示为

$$\lambda_{11} = \rho \int_L \frac{S_t^2}{S_w} dx_1 \qquad (3-3-5)$$

**助学资源** 军事职业教育平台/慕课水中兵器发射技术/第三章自航发射能量控制方法/第二节自航发射管内运动阻力/知识点3 其他阻力

## 四、螺旋桨推力

要想确定螺旋桨推力 $T$，就必须研究螺旋桨的水动力性能。根据相关的螺旋桨水动力理论，螺旋桨的水动力性能可以由一个无量纲系数——推力系数 $K_T$ 来表示，且

$$K_T = \frac{T}{\rho n^2 D_P^4} \qquad (3-3-6)$$

式中 $n$——螺旋桨转速瞬时值（r/s）；
$D_P$——螺旋桨桨叶直径。

从式（3-3-6）可知，如果能够得到螺旋桨的推力系数，便可以根据其转速和桨叶直径求得推力。在工程上，推力系数与另一个参数——进速系数有着密切的关系，通常把螺旋桨在不同进速系数时的推力系数 $K_T$ 绘制在一张图上，形成一条表示螺旋桨水动力系数与进速系数 $J$ 间关系的曲线，称为螺旋桨性征

曲线。每个螺旋桨都有其性征曲线。通常它是根据螺旋桨模型实验结果绘制的。图 3-3-3 给出了某型鱼雷前螺旋桨的性征曲线。式（3-3-7）和式（3-3-8）给出了由曲线拟合的推力系数与进速系数的关系式。

前桨推力系数可表示为

$$K_{Tf} = 0.345 - 0.058 J_f^2 - 0.173 J_f \qquad (3\text{-}3\text{-}7)$$

后桨推力系数可表示为

$$K_{Tb} = 0.39 - 0.0383 J_b^2 - 0.237 J_b \qquad (3\text{-}3\text{-}8)$$

式中　$J_f$——前桨进速系数；

　　　$J_b$——后桨进速系数。

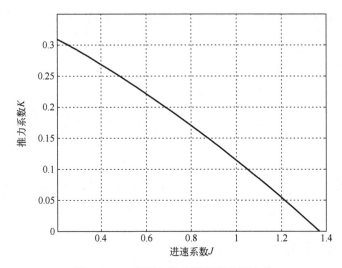

图 3-3-3　某型鱼雷前螺旋桨性征曲线

在螺旋桨旋转时，如果水不滑动，那么螺旋桨在水中的运动就像螺栓在螺母中的运动一样，每旋转一周前进的距离将等于螺距 $P$。然而水不是固体，它具有滑动性，因而当螺旋桨旋转一周时，相对于水的前进距离不是 $P$ 而是 $P_j$。差值（$P-P_j$）称为滑脱 $S$，而 $P_j$ 称为进程。进程 $P_j$ 与螺旋桨直径 $D$ 之比称为进速系数或进程比 $J$。因为螺旋桨每秒前进的距离为 $v_a = nP_j$，所以进速系数可写为

$$J = \frac{P_j}{D_p} = \frac{v_a}{nD_p} \qquad (3\text{-}3\text{-}9)$$

由于伴流的存在，$v_a$ 可表示为

# 第三章 自航发射技术

$$v_a = v_p(1-\omega) \quad (3\text{-}3\text{-}10)$$

那么进速系数 $J$ 就可写为

$$J = \frac{v_p(1-\omega)}{nD_p} \quad (3\text{-}3\text{-}11)$$

式中　$v_p$——水流与螺旋桨叶的相对速度；
　　　$\omega$——伴流系数。

> **助学资源**　军事职业教育平台/慕课水中兵器发射技术/第三章自航发射能量控制方法/第一节鱼雷自航推力模型/知识点 1 进速系数

由于鱼雷在管内往前运动的同时发射管前端的水要不断地向鱼雷后部补充，因此在计算相对速度 $v_p$ 时要考虑补水水流速度 $v_s$ 的影响，即

$$v_p = v_t + v_s \quad (3\text{-}3\text{-}12)$$

$$v_s = \frac{d_{tp}^2}{d_{gp}^2 - d_{tp}^2} \cdot v_t \quad (3\text{-}3\text{-}13)$$

式中　$d_{tp}$——螺旋桨处鱼雷横截面半径；
　　　$d_{gp}$——螺旋桨处的发射管半径。

鱼雷螺旋桨产生的推力的大小及其变化与鱼雷电机和螺旋桨有关，是时间、转速、直径、雷速、介质密度、发射管管径、补水流速等的函数。某型鱼雷为双轴对转螺旋桨，其推力可表示为

$$T = T_f + T_b = \rho n^2 \cdot (K_{Tf} D_{pf}^4 + K_{Tb} D_{pb}^4) \cdot (1-\tau) \quad (3\text{-}3\text{-}14)$$

式中　$D_{pf}$——前桨直径；
　　　$D_{pb}$——后桨直径；
　　　$\tau$——推力减额系数。

螺旋桨转速随时间的变化规律可通过电机性能（如推进功率、电动势、有效磁通量、电压参数、电流参数）、启动方式（光滑启动及阶梯式启动方式）建立的数学模型求得，也可通过试验曲线数据拟合出转速与时间的函数关系。由于管内非定常局限性边界条件的影响，使螺旋桨转速随时间的变化规律呈现出有别于敞水状态的非规则运动。为此，本书采用由试验测试结果回归出的函数关系式表示螺旋桨转速与时间的关系，即

$$n = \chi e^{\sigma \cdot \log t} \quad (3\text{-}3\text{-}15)$$

式中　$\chi$——电机启动系数。

工作于发射管中的鱼雷螺旋桨与敞水工作状态下的情况有很大区别,鱼雷螺旋桨负载的变化、雷速的变化、管径的变化都对螺旋桨的转速产生影响,$\chi$ 取为 17~19,$\sigma$ 取为 0.33~0.35。

联合方程式 (3-3-7)、式 (3-3-8)、式 (3-3-11)、式 (3-3-12)、式 (3-3-13)、式 (3-3-14)、式 (3-3-15),便可确定鱼雷前、后螺旋桨的推力值。

**助学资源** 军事职业教育平台/慕课水中兵器发射技术/第三章自航发射能量控制方法/第一节鱼雷自航推力模型/知识点 2 螺旋桨推力模型

### 五、鱼雷的流体运动阻力

根据鱼雷流体力学原理,敞水状态下鱼雷在轴向的运动阻力 $R_x$ 可按下式计算,即

$$R_x = \frac{1}{2} \cdot C_x \cdot \rho \cdot v_r^2 \cdot \Omega_T \tag{3-3-16}$$

式中 $v_r$——鱼雷与水的相对速度;

$C_x$——阻力系数;

$\Omega_T$——鱼雷的沾湿面积。

$C_x$ 是一个与雷诺数有关的无量纲系数,湍流状态下,$C_x$ 基本可以近似为常数。对于外形确定的鱼雷,为了结果的准确性,包括 $C_x$ 在内的一系列流体动力参数往往通过模型试验得到。然而在变截面自航管发射鱼雷的情况下,式 (3-3-16) 的计算则相对要复杂一些。由于补水水流的存在,此时相对速度 $v_r$ 将受到鱼雷和发射管相对位置的影响,从而造成在雷体表面不同位置具有不同 $v_r$ 的问题,因此在进行计算时要注意根据不同的相对速度 $v_r$ 进行分别计算,最后再把总的阻力值进行叠加。

### 六、流动损失附加阻力

对于变截面自航发射管来说,由于补水运动,鱼雷前部的海水通过发射管和鱼雷之间的环形间隙流到鱼雷的后部,由于管内流动压力损失的存在,使鱼雷前、后部产生一定的压力差,这种压力差对鱼雷形成的阻力是不可忽略的。由压力损失造成的附加阻力共包括两部分,即沿程损失和局部损失。

**1. 沿程阻力 $R_f$**

沿程摩擦损失是出现在等截面、直管段中的水头损失。此时,虽然流动截

面没有变化,流动方向也未改变,但是实际非理想液体中总存在黏性,因此流体与管壁、流体与流体之间就有摩擦力,流体运动时就要克服这些沿程阻力造成能量损失(常转换成热能),这就是沿程摩擦损失。显然,沿程损失与流过的管子长度 $L$ 成正比。当然还和管壁的粗糙程度、流体黏性的大小有关。

以雷体前后端截面、发射管管壁所包围的流体为对象,根据鱼雷与发射管的位置关系(图3-3-4),采用分段求解方法,可得出沿程损失转化为雷体的受力的表达形式为

$$R_\mathrm{f} = \Delta p_\mathrm{f} \cdot S_\mathrm{t} = S_\mathrm{t} \cdot \sum \left( \lambda_i \cdot \frac{L_i}{D_{\mathrm{h}i}} \cdot \frac{v_{\mathrm{s}i}^2}{2} \cdot \rho \right) \tag{3-3-17}$$

式中 $i$——1,2,3;

$\lambda_i$——沿程损失系数;

$L_i$——计算流体沿程损失时计算段处流体长度,在建立仿真模型时要注意其值随鱼雷与发射管相对位置变化的规律;

$D_{\mathrm{h}i}$——计算流体沿程损失时计算段流体的当量直径,它指的是过流面积与沾湿周长的比值即水力半径的4倍,即

$$D_{\mathrm{h}i} = 4 r_{\mathrm{h}i} = 4 \frac{S_{\mathrm{w}i}}{L_{\mathrm{w}i}} = \frac{S_{\mathrm{g}i} - S_{\mathrm{t}i}}{L_{\mathrm{w}i}} = 4 \frac{\pi(d_{\mathrm{g}i}^2 - d_{\mathrm{t}i}^2)}{2\pi \cdot (d_{\mathrm{g}i} + d_{\mathrm{t}i})} = 2(d_{\mathrm{g}i} - d_{\mathrm{t}i}) \tag{3-3-18}$$

其中 $S_{\mathrm{w}i}$——计算段处发射管与鱼雷之间流通截面的横截面积;

$S_{\mathrm{g}i}$——计算段处发射管横截面积;

$S_{\mathrm{t}i}$——计算段处鱼雷横截面积;

$L_{\mathrm{w}i}$——计算段处发射管与鱼雷之间流通截面的沾湿周长;

$d_{\mathrm{t}i}$——计算段处鱼雷半径;

$d_{\mathrm{g}i}$——计算段处发射管半径。

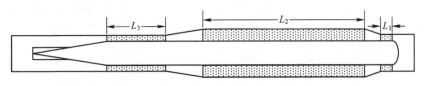

图3-3-4 分段计算沿程损失示意图

基于基本假设,由于湍流的复杂性,至今还不能完全通过理论推导方式确定湍流沿程阻力系数 $\lambda_i$,只能借助试验研究总结出一些计算 $\lambda_i$ 的经验公式和半经验公式。本书采用适合于整个湍流区的综合经验公式——阿里特苏里公式。沿程损失系数 $\lambda_i$ 可表示为

$$\lambda_i = 0.11\left(\frac{\kappa}{D_g} + \frac{68}{Re_i}\right)^{0.25} \qquad (3-3-19)$$

式中 $\kappa$——自航发射管的绝对粗糙度。

紊流情况下 $Re_i$ 表达式为

$$Re_i = \frac{v_{ri}D_{hi}}{\nu} = \frac{(v_t + v_{si})D_{hi}}{\nu} \qquad (3-3-20)$$

式中 $\nu$——海水运动黏度系数,当海水温度为5℃时,其值为 $1.5650\times10^{-6}\mathrm{m^2/s}$;

$v_{si}$——第 $i$ 段的补水速度,可由式(3-3-13)求得。

> **助学资源** 军事职业教育平台/慕课水中兵器发射技术/第三章自航发射能量控制方法/第二节自航发射管内运动阻力/知识点1 沿程阻力

**2. 局部阻力 $R_j$**

局部损失指当流动的截面或方向发生变化时(如收扩、转弯、流经阀门等局部装置),在这局部区域内的水头损失。局部损失的原因是流体经过这些局部区域时,流速要重新分布,造成流动的分离和旋涡,增加了质点间的附加摩擦和相互撞击,消耗了运动流体的能量。当然,从本质来看,也是因为流体的黏性所引起的。显然,局部损失的大小取决于该局部区域管路的几何形状,而与管长无关。

对于由三段管组成的自航管而言,流体流通截面发生变化的位置主要有五处,包括发射管入口处、鱼雷与发射管环形间隙突缩处、发射管前段渐扩处、发射管后段渐缩处和鱼雷尾锥段,如图3-3-5所示。需要注意的是,在整个发射过程中,这五处局部损失的计算并不是完全一致的,随着鱼雷与发射管相对位置的变化要进行相应的参数调整。

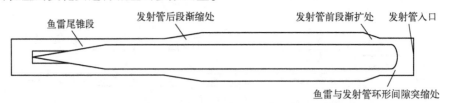

图3-3-5 计算局部损失示意图

对于三段管组成的自航管,其局部损失不包括发射管前段渐扩处引起的损失。研究流体的局部损失时,需将上述各处变形处分解开来,并忽略不同变形所引起的耦合阻力,将局部损失转化为雷体的受力形式,其瞬时值可表示为

$$R_j = \Delta p_j \cdot S_t = S_t \cdot \sum \left( \xi_i \cdot \frac{\rho v_{si}^2}{2} \right) \qquad (3\text{-}3\text{-}21)$$

式中：$i$ 取 1，2，…，5。

从局部损失计算式看，局部损失主要与局部损失系数和流速有关。试验研究表明，局部损失系数同样与流体的流态有关，但是即使在雷诺数很小时，由于固体边壁的突然改变，也会使流体的流态变为湍流且处于湍流粗糙区。因此，在实际工程中，局部损失的计算都是针对湍流粗糙区而言的。这样在计算局部损失系数时，就无需判断流体的流态。所以，一般说来，仅与形成局部损失的局部阻碍几何形状有关而与 $Re$ 无关。

局部阻碍的种类很多，形状各异，边壁变化非常复杂，局部阻碍的局部阻力系数值通常由试验测定。在局部损失计算式中，还涉及流体流速 $v$，而造成局部能量损失的管件前后均有流速，一般来说，当管件前后流速不同时，针对前后不同的流速会有相应两个局部损失系数，对应关系不能混乱。下面给出几个典型局部损失系数的计算公式。

(1) 发射管入口处：$\xi_1 = 0.5$，特征速度取发射管入口处速度。

(2) 鱼雷与发射管环形间隙突缩处，有

$$\xi_2 = \frac{1}{2}\left(1 - \frac{S_g - S_t}{S_g}\right) = \frac{1}{2}\left(1 - \frac{d_g^2 - d_t^2}{d_g^2}\right) = \frac{1}{2}\left(\frac{d_t}{d_g}\right)^2 \qquad (3\text{-}3\text{-}22)$$

式中　$S_g$、$S_t$——计算处发射管和鱼雷的横截面积；

　　　$d_g$、$d_t$——发射管和鱼雷的半径。

特征速度 $v_s$ 取环形间隙的水流速度。

(3) 发射管前段渐扩处和鱼雷尾锥段渐扩处，有

$$\xi_3 = \frac{\lambda}{8\sin\frac{\theta}{2}}\left[1 - \left(\frac{S_1}{S_2}\right)^2\right] + k\left(1 - \frac{S_1}{S_2}\right)^2 \qquad (3\text{-}3\text{-}23)$$

式中　$\lambda$——渐扩管前细管内流体的沿程阻力系数；

　　　$S_1$——渐扩管前流通面积；

　　　$S_2$——渐扩管后流通面积；

　　　$\theta$——扩散角；

　　　$k$——与扩散角 $\theta$ 有关的系数，当 $\theta < 20°$ 时，可近似取 $k = \sin\theta$。

特征速度 $v_s$ 取渐扩管前的水流速度。

(4) 过渡管渐缩处，有

$$\xi_4 = \frac{\lambda}{8\sin\frac{\theta}{2}} \left[1 - \left(\frac{S_2}{S_1}\right)^2\right] \tag{3-3-24}$$

式中 $\lambda$——渐缩管后细管内流体的沿程阻力系数；
$S_1$——渐缩管前流通面积；
$S_2$——渐缩管后流通面积。
特征速度 $v_s$ 取渐缩管后的水流速度。

**助学资源** 军事职业教育平台/慕课水中兵器发射技术/第三章自航发射能量控制方法/第二节自航发射管内运动阻力/知识点2局部阻力

### 七、鱼雷与自航发射管之间的机械摩擦力

机械摩擦阻力 $R_c$ 与鱼雷浮力、壳体材料、自航发射管导轨的材料有关，可按下式计算，即

$$R_c = \mu \cdot \Delta G = \mu(m_t g - B) \tag{3-3-25}$$

式中 $\mu$——鱼雷与自航发射管之间的摩擦系数；
$B$——鱼雷浮力。

### 八、内弹道基本方程

综合式（3-3-1）到式（3-3-25），可得变截面自航发射管发射鱼雷的内弹道方程：

$$\begin{cases} (m_t + \lambda_{11})\dfrac{dv_t}{dt} = T - R_x - R_f - R_j - R_c \\ T = T_f + T_b = \rho n^2 \cdot (K_{Tf} D_{pf}^4 + K_{Tb} D_{pb}^4) \cdot (1 - \tau) \\ R_x = \sum \dfrac{1}{2} \cdot C_{xi} \cdot \rho \cdot v_{ri}^2 \cdot \Omega_{Ti} \\ R_f = \Delta p_f \cdot S_t = S_t \cdot \sum \left(\lambda_i \cdot \dfrac{L_i}{4 d_{hi}} \cdot \dfrac{v_{si}}{2} \cdot \rho g\right) \\ R_j = \Delta p_j \cdot S_t = S_t \cdot \sum \left(\xi_i \dfrac{\rho v_{si}^2}{2}\right) \\ R_c = \mu \cdot \Delta G = \mu(m_t g - B) \end{cases} \tag{3-3-26}$$

通过内弹道方程可以发现，自航发射过程的各种阻力之间存在相互影响，

这种影响对于发射管的线型设计提出挑战，阻力的关联影响了发射管线型的设计，线型的设计决定了发射管的发射效率，事物之间的普遍联系性是进行自航发射方案设计时必须考虑的重要原理。

**助学资源** 军事职业教育平台/慕课水中兵器发射技术/第三章自航发射能量控制方法/第三节自航发射建模及能量控制方法

## 第四节 仿真设置及流程

### 一、仿真参数设置

选取某型鱼雷和某型三段变截面发射管为仿真对象，仿真参数设置如表3-4-1、表3-4-2和图3-4-1所示。

表3-4-1 仿真参数设置

| 名　称 | 符　号 | 数　值 | 单　位 |
|---|---|---|---|
| 鱼雷质量 | $m_t$ | 1850 | kg |
| 鱼雷排水量 | $v_t$ | 1300 | L |
| 鱼雷长度 | $L_t$ | 6.6 | m |
| 鱼雷半径 | $d_t$ | 0.267 | m |
| 海水密度 | $\rho$ | 1040 | kg/m³ |
| 前桨直径 | $d_{pf}$ | 0.21 | m |
| 后桨直径 | $d_{pb}$ | 0.205 | m |
| 伴流系数 | $\omega$ | 0.2 | |
| 推力减额系数 | $\tau$ | 0.03 | |
| 电机启动系数 | $\chi$ | 20 | |
| 自航发射管的相对粗糙度 | $\kappa$ | 0.04 | |
| 电机启动指数常数 | $\sigma$ | 0.34 | |
| 海水运动黏度系数 | $\nu$ | 1.5614×10⁻⁶ | m²/s |
| 鱼雷与自航发射管之间的摩擦系数 | $\mu$ | 0.25 | |
| 鱼雷所受的流体阻力系数 | $C_x$ | −0.0029 | |

表 3-4-2　发射管及鱼雷尺寸参数

| 名称 | 符号 | 数值 | 单位 |
|---|---|---|---|
| 发射管后段直径 | $D_{g1}$ | 0.59 | m |
| 发射管中段直径 | $D_{g2}$ | 0.74 | m |
| 发射管前段直径 | $D_{g3}$ | 0.65 | m |
| 发射管后段长度 | $L_{g1}$ | 3.7 | m |
| 发射管中段长度 | $L_{g2}$ | 3 | m |
| 发射管前段长度 | $L_{g3}$ | 0.5 | m |
| 过渡段长度 | $L_{d1}$ | 0.3 | m |
|  | $L_{d2}$ | 0.3 | m |
| 鱼雷尾锥段长度 | $L_{t1}$ | 0.55 | m |
| 鱼雷圆柱段长度 | $L_{t2}$ | 6.15 | m |
| 发射时鱼雷尾部距发射管后盖距离 | $L_b$ | 0.5 | m |

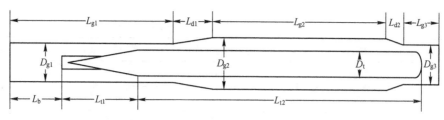

图 3-4-1　鱼雷与发射管结构及位置关系尺寸示意图

## 二、仿真流程

在发射过程各部分数学模型建立后，为了得到发射过程的动态特性，需要采用合适的方法来求解模型中的微分方程。本章选用了直观、简便的 MATLAB Simulink 工具包来实现整个发射过程数值仿真的输入、求解与结果输出。仿真流程框图如图 3-4-2 所示。

## 三、仿真结果分析

利用建立的仿真模型及给定的仿真参数进行仿真，并与某自航发射鱼雷试验进行对比，其结果如表 3-4-3 所列。由仿真结果可知，对于不同尺寸的自航发射管，除第一组数据外，出管速度的仿真值与试验值之间的误差都很小。但对出管时间的预测上，除第 1 组和第 4 组误差较小外，其余组都出现了较大的误差。由于无法确切获得当时进行试验的详细技术条件，因此无法准确分析

第三章 自航发射技术

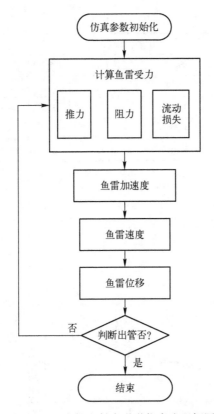

图 3-4-2 自航发射内弹道仿真流程框图

产生较大误差的原因。由于所建立的数学模型较好地预测了自航发射的出管速度，因此认为所建立的数学模型及采用的仿真方法符合自航发射的一般规律，可以用于指导自航发射管的设计。图 3-4-3~图 3-4-6 分别给出了各组仿真条件下速度时间曲线以及第三种发射管尺寸配置下的螺旋桨转速、鱼雷受到的各种力及鱼雷的速度位移曲线供读者参考。

表 3-4-3 不同发射管尺寸下试验值与仿真值对比

| 序号 | 发射管的尺寸/mm | | | 出管速度/(m/s) | | | 出管时间/s | | |
|---|---|---|---|---|---|---|---|---|---|
| | 后段 | 中段 | 前段 | 试验值 | 仿真值 | 误差/% | 试验值 | 仿真值 | 误差/% |
| 1 | 590 | 740 | | 6.75 | 6.07 | 10 | 3.724 | 3.54 | 4.9 |
| 2 | 570 | 740 | | 6.5 | 6.27 | 3.5 | 4.300 | 4.76 | 10.7 |
| 3 | 590 | 740 | 650 | 4.86 | 4.71 | 1.1 | 4.335 | 3.83 | 14.5 |
| | 590 | 740 | 650 | 4.67 | | | 4.62 | | |

87

续表

| 序号 | 发射管的尺寸/mm | | | 出管速度/(m/s) | | | 出管时间/s | | |
|---|---|---|---|---|---|---|---|---|---|
| | 后段 | 中段 | 前段 | 试验值 | 仿真值 | 误差/% | 试验值 | 仿真值 | 误差/% |
| 4 | 570 | 740 | 650 | 4.809 | 4.89 | 3.9 | 4.92 | 4.99 | 1.1 |
| | 570 | 740 | 650 | 4.72 | | | 4.97 | | |
| | 570 | 740 | 650 | 4.58 | | | 5.25 | | |
| 5 | 590 | 740 | 610 | 3.80 | 3.72 | 2.1 | 5.76 | 4.37 | 24.1 |

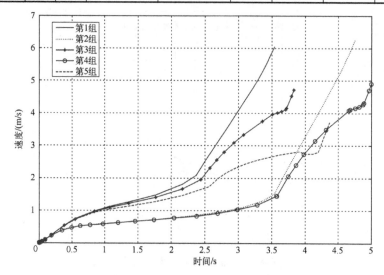

图 3-4-3  不同组仿真速度-时间曲线

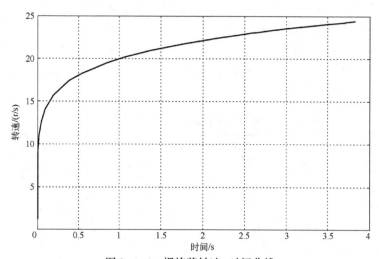

图 3-4-4  螺旋桨转速-时间曲线

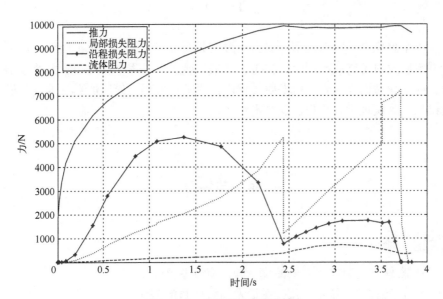

图 3-4-5　鱼雷受力-时间曲线

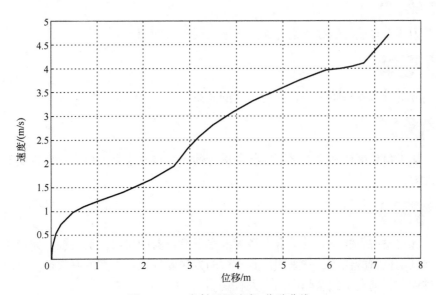

图 3-4-6　发射过程速度-位移曲线

## 小　结

本章聚焦自航发射技术，提出通过变截面发射管线性优化实现无人水下航行器自航发射鱼雷武器的设计构想，依据自航发射过程中动力和阻力的数学分析，建立变截面发射管自航发射过程内弹道基本方程，使用仿真技术，分析仿真结果，为实现设计构想提供技术路径。

## 思考与练习

**记忆**

1. 自航式发射技术主要的优、缺点有哪些？
2. 自航式发射技术采用变截面发射管的目的是什么？

**理解**

为什么自航发射技术适合无人水下发射平台使用？

**分析**

分析自航发射阻力与发射管形状的关系。

**评估**

从工程角度评估无人水下航行器适合使用分段式还是大口径发射管实施自航发射。

**创造**

优化发射管线型设计适合大型无人水下航行器的自航发射装置，完成发射重型电动鱼雷的任务，并采用仿真分析的方法验证设计方案的有效性。反思设计过程，总结在小组合作中的个人收获。

# 第四章　液压平衡发射技术

**本章导读**：为满足潜艇大深度发射的要求，美国首先研发了往复泵液压平衡式发射技术，目前已被世界许多国家所采用。该型发射技术利用压缩空气推动往复泵运动将海水泵入发射管实现武器发射过程，由于使用海水作为工质，无需无泡无倾差系统，但增加了气缸、水缸等部件，其能量传递过程也更为复杂，噪声正是能量在传输和转换过程中的副产品，发射噪声也不例外。液压平衡发射过程中，发射噪声是破坏潜艇隐蔽性、暴露潜艇位置的重要的噪声源。

本章重点解决液压平衡发射噪声控制问题，导读思维导图如图 4-0-1 所示。依据关键部分性能决定整体性能的哲学原理，必须找到影响发射噪声的关键因素，然后有针对性地进行降噪方案设计。为此，首先对往复泵液压平衡式发射原理和发射噪声的产生机理进行分析，确定控制发射能量是降低发射噪声的有效方法；然后对发射能量进行分析，依照分析结果逐步推导发射气瓶、气缸、水缸、发射管之间能量传递或运动方式的数学模型；最后建立内弹道模型并进行仿真分析。针对噪声的其他控制方式，本章还介绍了振动控制的相关方法，以丰富发射降噪的方法。通过本章的学习，你将理解液压平衡发射原理和数学模型，掌握发射能量控制方法，熟练使用仿真分析方法和工程设计方法解决实际问题。

## 第一节　液压平衡发射原理及发射噪声分析

### 一、液压平衡发射原理及发射装置基本结构

往复泵液压平衡式发射装置的发射工质为压缩空气，但发射时压缩空气并不直接进入发射管内做功，而是通过气缸和水缸内的连体活塞，将压缩空气的内能转换为连体活塞运动的机械能，进而转换为水压系统中海水和发射管内武器运动的动能。往复泵液压平衡式发射装置的实质是利用同轴的双头活塞，将作为发射源动力的气缸和用于将舷外海水泵入发射管内的水缸同轴连接，形成

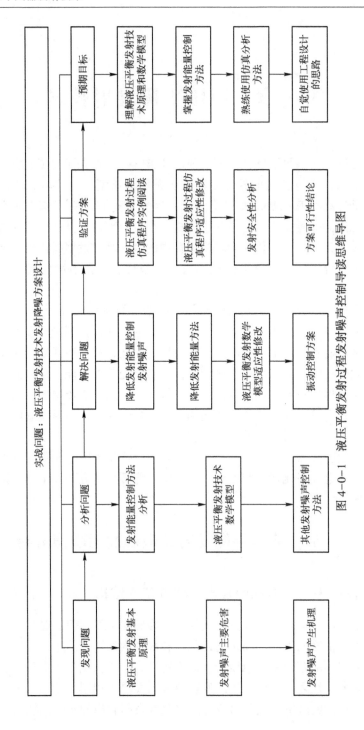

图4-0-1 液压平衡发射过程发射噪声控制导读思维导图

一个往复运动的泵，在压缩空气的作用下由气缸活塞带动水缸活塞，利用水缸把海水泵入发射管进而推动管内武器出管。液压平衡式发射装置将海水静压引入水缸作为推动水缸活塞运动的动力，从而平衡阻碍管内武器运动的海水静压力，实现了平衡发射，极大地提高了发射深度。由于使用海水作为工作介质，空气不再进入发射管，不会产生气体逸出，暴露潜艇位置，不需要设计无泡系统，简化了发射装置结构。其基本结构如图 4-1-1 所示。

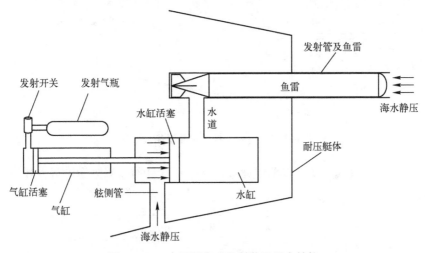

图 4-1-1　水压平衡式发射装置基本结构

往复泵液压平衡式发射装置主要分为内置推杆式和外置拉杆式两种。内置推杆式结构如图 4-1-2 所示。舷外海水通过舷侧管引入到水缸活塞内侧，同时通过发射管和水道引入到水缸活塞外侧。在气缸活塞和海水静压力的共同作用下，向潜艇舱外方向推动水缸活塞，将水缸内的海水推入发射管中推动武器出管。其气缸和水缸布置在舱内，占据了较大的舱室容积。同时由于活塞杆有一定的面积，所以活塞内侧受力面积小于外侧，故作用在活塞两侧的海水静压力存在差值（阻力大于动力），形成不平衡力，且该力随深度增加而加大。

外置拉杆式结构如图 4-1-3 所示。发射水缸布置在水舱中，节省了宝贵的舱室容积。水缸活塞前端通向舷外海水，在气缸活塞和海水静压力的共同作用下，向潜艇舱内方向拉动水缸活塞，将水缸内的海水推入发射管中推动武器出管。从推动水缸活塞向外运动改为拉动水缸活塞向内运动，尽管在水缸活塞内、外两侧仍然由于受到海水静压力存在不平衡力，但这个不平衡力却是发射动力，节省了发射能量。所以，外置拉杆式水压平衡发射装置优势更

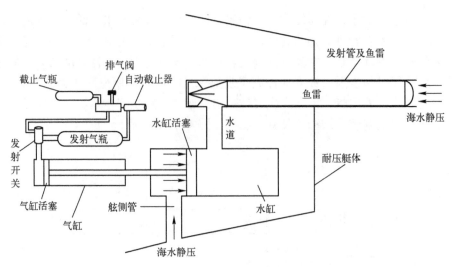

图 4-1-2　内置推杆式水压平衡发射装置

为明显，应用较为广泛，本章以此类液压平衡式发射装置为例讲解内弹道建模过程。

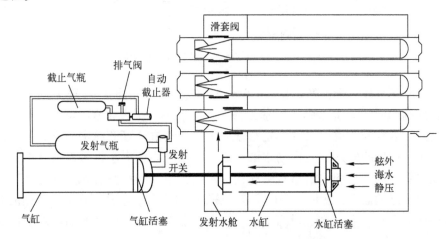

图 4-1-3　外置拉杆式水压平衡发射装置

**助学资源**　军事职业教育平台/慕课水中兵器发射技术/第一章水中兵器发射技术基础知识/第一节水中兵器发射技术基础知识/知识点 5 液压平衡发射技术

## 二、发射噪声对潜艇攻击效能的影响

潜艇水下发射噪声是指潜艇发射武器时发射装置工作产生的一系列瞬态噪声，包括排气噪声、振动噪声和射流噪声等，是影响潜艇隐蔽发射的最主要因素。其突出特点是噪声大、持续时间短、声压幅值高，声学特征十分明显，国内外舰艇声呐系统均已将其作为获取来袭鱼雷初始方位和潜艇方位的重要信息。由于采用了大量减振降噪措施，潜艇正常航行噪声越来越接近于海洋环境噪声，甚至更低，而发射噪声远远高于航行噪声水平。发射噪声不仅暴露了潜艇的发射阵位和作战意图，若被攻击目标实时地探测到发射噪声信号，则给目标及时采取规避或者对抗等决策提供了重要信息源。另外，发射噪声对本艇水声设备的工作性能也产生了十分重要的影响。根据噪声水平的高低，一般可将潜艇划分为四类：美国"洛杉矶"级潜艇SSN688的噪声级约为125dB；俄罗斯SSN971M（Akula级）的噪声约为130dB；俄罗斯1998年下水的攻击型、巡航导弹核潜艇885的噪声级约为125dB；美国1995年下水的"海狼"级SSN-21攻击型核潜艇的噪声级约为115dB，"海狼"级潜艇噪声级别预计在110dB以下。安静型潜艇的声源级在131~141dB之间，噪声水平最高的高噪声潜艇的声源级也就在171~181dB之间。潜艇的航行噪声已经大幅降低，但是在攻击、特别是近距离攻击敌舰艇时，发射噪声成了潜艇一个突出暴露点。潜艇发射时比正常航行时噪声高出20dB左右；艇艏噪声变化大，艇尾基本没有变化。声呐在目标噪声每增加10dB时，作用距离就增加1倍。因此，发射噪声降低了本艇声呐作用距离的同时，也增加了敌方声呐作用距离。依据经验，发射噪声从产生到消失大约30s。其后果是：一方面，敌舰发现攻击意图攻击早，有利于敌舰及时采取措施，并进行规避和机动；另一方面，敌舰利用发射噪声可准确确定攻击潜艇方位，有利于其反击，给攻方安全造成极大危害。

## 三、发射噪声产生机理及其危害

液压平衡式水下发射系统是一种以压缩空气为动力能源，以海水为工作介质实现能量非刚性传输的特种动力转换装置。其发射过程中有两个特别重要的噪声源：一是高压空气的能量转换过程中气、水缸及其附属装置产生的机械噪声，主要包括机械冲击噪声、振动噪声与摩擦噪声；二是发射过程中管内武器与射流引起的流体噪声，主要包括气动性噪声及水击噪声。艇外辐射噪声主要有三类：一是结构振动辐射噪声，是在发射过程中，由于发射能量的瞬间释放，引起发射流道内的流畅压力急剧变化，产生流体激振，使发射装置水缸、发射管等结构产生流-固耦合振动，通过基座和舱壁等连接环节，将产生的振动传递给艇体，引起艇体结构振动，进而与外部水介质形成"振声耦合"振动产生的辐射噪声；二是射流辐射噪声，是在发射过程中，由于武器及其附着水介质瞬间获得速度，引起艇外发射管管口区域水体瞬间产生紊流，进而以一定强度的压力波向外辐射而形成的射流辐射噪声；三是冲击振动辐射噪声，在发射准备和发射过程中，机械结构撞击，引起机械结构冲击振动，直接或通过艇体结构传递产生的辐射噪声，如图4-1-4所示。三种噪声中，射流噪声声压幅值最高，远场辐射能力强，是最主要的噪声源。艇内排气噪声为发射武器时高压气体注入气缸及发射结束后气体排入舱室产生的空气流动噪声，这类噪声不易透过艇壁被敌方声呐探测到。管路结构振动噪声包括两部分：一是设备振动通过管路向艇体结构传递的能量；二是管路内部的介质脉动与冲击引起的管路振动，这部分振动能量通过管路向艇体传递。

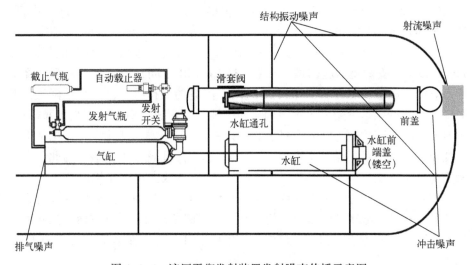

图 4-1-4　液压平衡发射装置发射噪声传播示意图

对液压平衡式发射装置，其噪声控制主要有两条技术途径：一是通过各项减振降噪技术措施以降低鱼雷发射时的机械冲击振动并对其进行隔离，进而降低发射时的结构振动噪声；二是对鱼雷出管后初始航行阶段的操纵性和稳定性进行深化研究，尽可能降低鱼雷出管速度，充分减少鱼雷发射过程中的动力输出，大幅度降低鱼雷发射时的射流噪声。水下发射装置结构与潜艇艇体结构焊接形成刚性衔接结构，发射装置在发射过程中由于发射能量的瞬间释放，引起发射装置结构的激烈振动及冲击，通过机座和舱壁等连接环节形成声桥作用，将产生的振动传递给艇体，并以弹性波形式沿艇体结构传播，进而通过"振声耦合"产生结构振动噪声。因此，潜艇鱼雷发射噪声中低波段及结果瞬态冲击振动引起的结构噪声为主要成分。对水下发射装置结构振动噪声采取的减振降噪措施主要是降低冲击振动激励源，即在保证鱼雷离艇安全的前提下，降低鱼雷发射时的抛射压力。

流动动力噪声随着鱼雷发射出管速度的增加而迅速增加，辐射声功率与鱼雷出管速度的 5~7 次方成正比，当发射速度大于一定量值时，流动动力噪声将高于机械振动噪声，成为潜艇鱼雷发射噪声的主要成分。因此，潜艇鱼雷发射噪声中高波段以鱼雷高速运动引起的流体喷流噪声为主要成分。降低潜艇鱼雷发射过程流体动力噪声的根本措施是在保证鱼雷离艇安全的前提下，尽可能降低鱼雷发射时的出管速度。根据声功率级理论计算方法可推论，当冲击载荷幅值按比例降低为原始方案的 30%~10% 时，艇体辐射噪声声功率级降低 5~10dB。鱼雷发射过程的抛射压力从 0.25MPa 降低到 0.137MPa，即低噪声发射时的抛射压力在原来常规发射基础上降低 45%，艇体辐射噪声声功率级降低约为 10dB 以上。根据鱼雷发射速度降低 1m/s，则得出辐射流噪声压级降低 3~5dB 的结论。鱼雷低噪声发射时的出管速度在原来常规发射时的基础上降低 4m/s，辐射流噪声总声压级相应降低 12~20dB。

通过对噪声产生机理进行分析可以发现，降低发射液压平衡发射过程发射噪声的最有效手段是控制发射能量，事物的关键因素决定了整体性能，针对关键因素的有效干涉对于整体性能的提升能起到事半功倍的效果，要解决发射噪声问题必须深入研究液压平衡发射技术的能量控制方法。

**助学资源** 军事职业教育平台/慕课水中兵器发射技术/第一章液压平衡发射能量控制方法/第二节液压平衡发射能量控制方法/知识点 2 液压平衡发射技术发射降噪方法

## 第二节　液压平衡发射内弹道模型

发射出管速度影响发射噪声的主要因素，降低发射速度可以显著降低发射噪声，而降低发射速度则必须控制发射能量，建立液压平衡发射过程的内弹道方程，利用数学模型，通过仿真分析找到降低发射能量的方法，最终控制发射噪声。

### 一、发射能量分析

液压平衡式发射装置的发射能量为气瓶中压缩空气。发射开关打开，压缩空气进入气缸推动活塞运动，气缸活塞通过活塞杆带动水缸活塞运动，水缸活塞将海水压入发射管内，从而推动管内武器向前运动。发射过程中，发射气瓶中能量主要用于推动管中武器、活塞组件、发射管及环形间隙中海水做功，克服活塞组件摩擦力、机械摩擦力和流体运动阻力所做的消耗功，还包括气缸中废气能量和发射气瓶中空气的剩余能量。发射过程中还必须截留部分发射气瓶的能量用来使气缸和水缸活塞回到初始位置，即为气缸、水缸活塞回程提供动力。分析发射能量，主要考虑的因素有以下几个。

（1）发射时，武器运动至内弹道结束点时，推动武器及随武器一起运动海水所获得的动能和克服武器与发射管内导轨的摩擦力以及作用在武器上的动水阻力所需的能量。

（2）发射时，武器运动至内弹道结束点时，克服水动力所需的能量。

（3）发射开关关闭后，发射气缸中空气的内能。

（4）发射开关关闭后，发射气瓶中剩余空气的内能。

基于上述因素并根据能量平衡定律，在满足安全发射的条件下，则求解发射能量的关系表达式为

$$U_{BP} = \frac{1}{\sigma_i} [W_h + W_p + U_f] + U_{BY} \qquad (4-2-1)$$

$$U_f = \frac{p_q (S_q - S_s) l_c c_v}{R}$$

$$W_h = F_m l_{max} + \frac{1}{2} m_T v_T^2 + R_x l_{max}$$

$$m_T = m + \rho S_{gk} l_{max} + m_{hj}$$

$$W_p = F_p l_p + \frac{1}{2} m_p v_p^2$$

式中 $\sigma_i$——能量损失系数；

$U_f$——气缸内废气能量；

$p_q$——气缸内气体压强；

$S_q$——气缸活塞横截面积；

$S_s$——活塞杆横截面积；

$c_v$——空气比热容；

$l_c$——武器出管时活塞的行程；

$R$——空气气体常数。

$W_h$——克服摩擦力、迎面阻力、推动武器和发射管海水及环形间隙海水运动所做的功；

$F_m$——武器与发射管之间的机械摩擦阻力;

$l_{max}$——出管时的武器运动距离;

$R_x$——武器流体运动阻力;

$m_T$——武器、发射管和环形间隙中海水质量;

$m_{hj}$——发射管环形间隙海水质量;

$S_{gk}$——发射管气密环镗孔面积;

$m$——武器质量;

$\rho$——海水密度;

$W_p$——活塞组件动能及活塞组件在气缸、水缸运动造成的摩擦力所消耗的功;

$v_p$——活塞运动速度;

$F_p$——活塞组件的摩擦力;

$l_p$——活塞行程;

$m_p$——活塞组件质量(包括气缸活塞、水缸活塞及活塞杆);

$U_{BY}$——发射气瓶中的剩余能量,剩余能量的一部分还要提供活塞回程的能量,一般为 $U_{BY}=0.45U_{BP}$。

在工程技术实现时,发射能量的截留仍然采用自动截止器为敏感元件,由于液压平衡式发射装置发射能量的供给与深度无关,所以自动截止器的结构如图 4-2-1 所示。自动截止器分为截止器和调节器两部分,调节器发射活塞背压腔通向发射气瓶,发射活塞充气时,压力升高,弹簧压缩,滑阀位于右边位置,发射阀上腔与排气阀相通,随着发射过程进行,发射气瓶压力下降,下降到截止压力时,弹簧伸张,推动自动截止器滑阀动作移动到左侧位置,如图 4-2-1 所示,使截止气瓶的压缩空气进入发射阀上腔,推动发射活塞向上关闭发射开关,从而截留发射气瓶的部分压缩空气作为气缸、水缸活塞的回程动力。

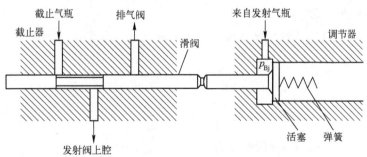

图 4-2-1 自动截止器结构

## 二、内弹道方程

往复泵液压平衡式发射装置发射管和水缸间,水缸和气缸间的关系相互交叉而又相互关联(图4-2-2),须将其关系理清才能建立内弹道方程。

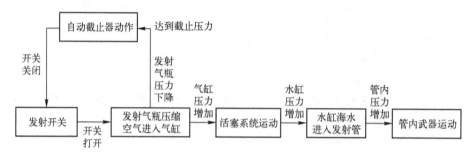

图4-2-2 往复泵液压平衡发射装置工作流程

往复泵液压平衡发射装置的发射能源仍为存储于气瓶中的压缩空气。发射时发射开关打开,压缩空气进入气缸,拉动活塞向内运动,而装于活塞杆上并位于水缸中的活塞则挤压海水,海水从水缸后部开口流出并通过发射水舱、滑套阀进入发射管,使管中压强升高从而推动武器出管。发射过程中发射开关打开后发射气瓶中的压缩空气首先通过气缸将压缩空气内能转换为气缸活塞和水缸活塞运动的动能,然后水缸活塞推动水缸中的海水,将水缸活塞运动的动能转化为海水的压力,压力海水流出水缸,流入发射水舱,经由滑套阀最后进入发射管,压力海水在发射管中做功推动武器出管,最终转化为武器动能。发射气瓶压力随发射过程使压力持续降低,达到截止压力后,自动截止器启动,关闭发射开关,停止发射过程。其工作流程如图4-2-2所示。

为简化模型,对气瓶、气缸内气体作以下假设:气体为理想气体;发射过程为绝热过程;压力和温度分布均匀;不考虑动能和势能。

### (一) 气瓶模型

发射气瓶状态由热力学系统的能量方程和连续性方程,可得

$$\frac{dT_s}{dt} = -(K-1)\frac{T_s}{m_s}\frac{dm_s}{dt} \tag{4-2-2}$$

$$\frac{dp_s}{dt} = -K\frac{p_s}{m_s}\frac{dm_s}{dt} \tag{4-2-3}$$

式中 $p_s$——气瓶中气体瞬时压力;

$T_s$——气瓶中气体瞬时温度;

$m_s$——气瓶中气体瞬时质量。

**助学资源** 军事职业教育平台/慕课水中兵器发射技术/第四章液压平衡发射能量控制方法/第一节液压平衡发射技术数学模型/知识点 1 发射气瓶数学模型

### (二) 发射开关模型

发射开关原理如图 4-2-3 所示,其基本组成、原理和气动不平衡式发射开关相同。由于发射气瓶通常安装在气缸的上部,所以发射开关组成部件位置进行了调整,发射开关下部为发射阀阀体,用于控制由发射气瓶至气缸的气路。发射开关上部为缓冲器。平时发射活塞被弹簧推向下,关闭发射气瓶到气缸之间的通路,截止气瓶压力经由自动截止器流入发射阀上腔,推动活塞向下,发射活塞紧闭。发射开关动作如图 4-2-3 (a) 所示。气体流向如图 4-2-4 (a) 所示。发射时发射阀上腔的压缩空气经由自动截止器至排气阀释放到舱室中时,上腔气压降低,发射气瓶压缩空气作用在发射活塞肩部的压力推发射活塞向上,使特形孔逐渐露出,发射气瓶中的压缩空气通过特形孔进入气缸,如图 4-2-3 (b) 所示。气体流向如图 4-2-4 (b) 所示。在发射活塞上升的过程中,缓冲活塞随之一起上升并起到调节上升速度的作用。在缓冲活塞上升过程中调节杆逐渐进入缓冲活塞的中央通孔,缓冲器中的水通过调节杆和缓冲活

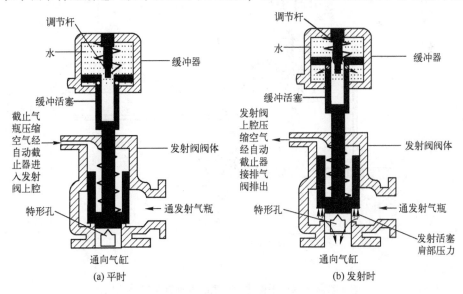

图 4-2-3 水压平衡式发射系统发射开关结构原理

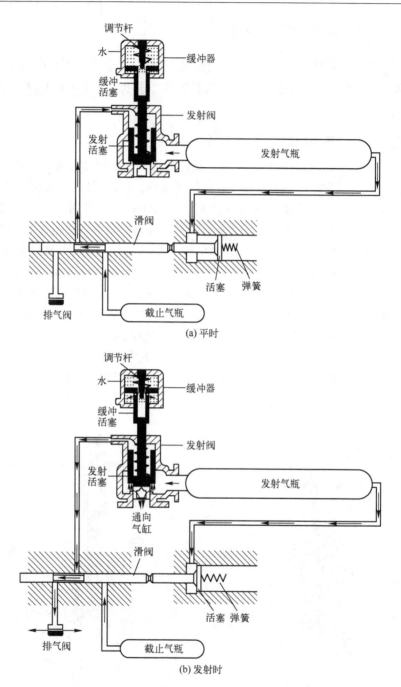

图 4-2-4　水压平衡式发射系统发射开关气体流向

塞中心通孔之间的环形间隙由下至上流动，同时由于调节杆的直径自下而上由细到粗变化，从而使环形间隙由大到小变化，由于水很难被压缩，所以环形间隙越小水的流量越小，而水的流量越小，缓冲活塞上升速度就越低，即发射活塞上升速度越低，通气面积缓慢增加；反之，发射活塞上升速度加快，通气面积快速增加。由于调节杆的作用，发射活塞先快后慢变速上升，从而控制发射开关的打开速度。发射开关的通气面积要根据特形孔的形状和发射活塞位移分阶段计算。

**1. 发射阀通气面积**

发射阀特形孔形状如图 4-2-5 所示，特形孔面积的大小由发射阀特形孔形状与阀芯移动位移决定。在阀孔特形孔形状固定的情况下，特形孔面积是阀芯移动位移 $x$ 的函数，可表示为

$$S_v(x) = \begin{cases} S_v(x) & p_p > p_{Bj} \\ 0 & p_p \leq p_{Bj} \end{cases} \quad (4\text{-}2\text{-}4)$$

式中　$p_{Bj}$——自动截止器动作关闭发射开关时发射气瓶的压力。

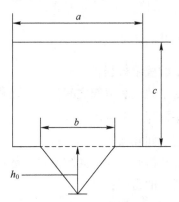

图 4-2-5　发射阀特形孔形状

特形孔面积还可以写为

$$S_v(x) = \begin{cases} 0 & 0 \leq x < x_0 \\ \dfrac{b(x-x_0)^2}{h_0} & x_0 \leq x < h+x_0 \\ bh_0 + 4a(x-h_0-x_0) & h+x_0 \leq x \end{cases} \quad (4\text{-}2\text{-}5)$$

式中　$a$、$b$、$h$、$h_0$——特形孔形状参数；

　　　$x_0$——发射阀阀芯开始运动到特形孔开启时阀芯所运动的距离。

特形孔的打开面积与发射活塞向上运动的位移密切相关。发射活塞与缓冲

活塞以相同速度整体上移，发射活塞位移速度可由缓冲活塞运动方程求解得到。

**助学资源** 军事职业教育平台/慕课水中兵器发射技术/第四章液压平衡发射能量控制方法/第一节液压平衡发射技术数学模型/知识点2 发射开关数学模型（一）

发射开关打开过程中，其惯性力比作用于其上的力要小得多，可以略去。因此，发射活塞的上升速度只取决于缓冲器中的水由活塞的上腔流至下腔的体积流量。发射活塞上升的速度与活塞工作面积的乘积，是水由活塞上腔流向下腔的体积流量。发射活塞的行程是有限的，上升的行程达到极限行程后则停止移动，因此发射活塞上升的速度可表示为

$$\frac{dx}{dt} = \begin{cases} 0 & x \geq x_m \\ \frac{S_{xh}}{S_{hs}-S_{xk}} \varphi_w \sqrt{\frac{2}{\rho_d} p_s} & x < x_m \end{cases} \quad (4-2-6)$$

式中 $\frac{dx}{dt}$——发射活塞上升的速度；

$x_m$——为发射活塞的极限行程；

$S_{xh}$——缓冲器活塞中间孔和滑阀之间的间隙面积；

$S_{hs}$——缓冲器活塞面积，$S_{hs} = \pi d_{hs}^2 / 4$；

$S_{xk}$——缓冲器活塞中间孔面积，$S_{xk} = \pi d_{xk}^2 / 4$；

$\varphi_w$——缓冲器活塞和滑阀之间的间隙流量系数；

$\rho_d$——缓冲器内淡水的密度；

$p_s$——缓冲活塞上腔中的压力。

缓冲器活塞和调节杆之间的间隙面积 $S_{xh}$ 是随着阀芯运动而变化的，如图4-2-6所示，依其变化特点可分为三个阶段，通过计算可得其面积 $S_{xh}$ 的表达式为

$$S_{xh} = \begin{cases} \frac{\pi}{4}(d_{xk}^2 - d_{hd}^2) & 0 < x \leq e_1 \\ \frac{\pi}{4}\left\{ d_{xk}^2 - \left[\frac{d_{hd}-d_{hx}}{e_2}(e_2+e_1-x)+d_{hx}\right]^2 \right\} & e_1 < x \leq e_1 + e_2 \quad (4-2-7) \\ \frac{\pi}{4}(d_{xk}^2 - d_{hx}^2) & e_1 + e_2 < x \end{cases}$$

式中　$d_{hx}$——调节杆上端圆柱部分的直径；
　　　$d_{hd}$——调节杆下端圆柱部分的直径；
　　　$d_{xk}$——缓冲器活塞中间孔直径；
　　　$e_1$——发射开关开始工作前，缓冲活塞凹槽至调节杆圆柱端面之间的长度；
　　　$e_2$——调节杆圆锥段的长度，对于给定调节杆，$e_2$ 为固定值。

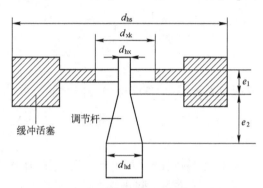

图 4-2-6　缓冲活塞与滑阀位置关系

调节杆位置的细微变化会对经发射开关流出的空气质量流量产生较大影响，而压缩空气在单位时间内的供给量将直接影响武器的出管速度，毫米级别的调节杆位置调整就能使重量达到 2t 左右的武器出管速度发生明显变化。数据表明，装备的微小变化必须慎重对待，"慎微"思想对于装备使用具有重要指导意义。

发射开始时发射阀上腔中的空气经由自动截止器通过排气阀进入舱室，压力消失，于是作用在发射活塞肩部上的高压空气压力，将推动活塞上升。当空气能从特形孔流向气缸时，在阀的上部又产生了向上的作用力。在这两个空气作用力上扣除上、下两个弹簧的向下推力和活塞摩擦力后，余下的部分则通过缓冲器活塞作用到腔内的水上，并在腔内产生压力 $p_s$。因此，缓冲器活塞上腔中的压力为

$$p_s = \frac{1}{(S_{hs}-S_{xk})} [p_p(S_{fs}-S_{fx})+p_d S_{fx}-F_{ty}-C_h x] \qquad (4-2-8)$$

式中　$S_{fs}$——发射活塞上端面积；
　　　$S_{fx}$——发射活塞下端面积；
　　　$S_{hs}$——缓冲器活塞面积；
　　　$S_{xk}$——缓冲器活塞中间孔面积；

$F_{ty}$——弹簧的总预压力；
$C_h$——弹簧的总刚度；
$p_p$——发射气瓶压力；
$p_d$——发射活塞下端推力，其取值经多次仿真计算认为取临界压力和气缸压力的加权平均值较合理，可表示为

$$p_d = \xi_1 p_q + 0.528 \xi_2 p_p$$

其中

$$\xi_1 = \frac{S_{fs} - S_v}{2S_{fs}}, \quad \xi_2 = \frac{S_{fs} + S_v}{2S_{fs}}$$

**助学资源** 军事职业教育平台/慕课水中兵器发射技术/第四章液压平衡发射能量控制方法/第一节液压平衡发射技术数学模型/知识点3 发射开关数学模型（二）

随着发射过程的继续，发射气瓶压力下降，当发射气瓶压力下降到截止压力时，发射开关关闭，通气面积为零。截止压力的计算与自动截止器的结构紧密相关。

自动截止器主要由截止器和调节器两部分组成，其工作原理为：截止气瓶充气时，滑阀居于左面位置，如图4-2-7所示，高压气经滑阀中间直径较小的细长部分进入发射阀上腔发射活塞向下，使发射开关紧闭。发射气瓶充气时，来自发射气瓶的高压气作用在调节器活塞上，滑阀、活塞固连成一个整体，当高压气压力大于弹簧张力时，滑阀和活塞同时向右运动，如图4-2-8所示。此时发射阀上腔压缩空气通过滑阀细部通向排气阀。发射时，排气阀打开，发射阀上腔压缩空气经截止器由排气阀放入舱内，发射活塞向上运动，发射开关打开，发射气瓶中的高压气注入气缸。当发射气瓶压力降至一定值时，压缩空气作用在调节器活塞上的力小于弹簧力，滑阀回到图4-2-7所示左边

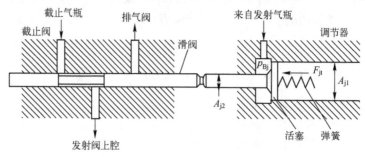

图4-2-7 自动截止器原理图

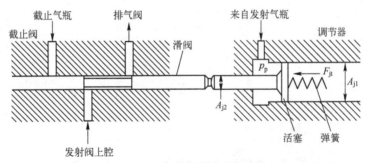

图 4-2-8　自动截止器动作结果

位置，截止气瓶的压缩空气重新进入发射阀上腔，压发射活塞向下，发射开关关闭，部分高压气截止在发射气瓶内，作为活塞系统回程能量。

自动截止器活塞上作用着发射气瓶压缩空气压力和弹簧力，活塞和滑阀连接在一起，根据自动截止器上的力平衡关系，可得到截止压力为

$$p_{Bj} = \frac{1}{A_{j1}-A_{j2}}(F_{jt}-F_{mz}) \qquad (4-2-9)$$

式中　$p_{Bj}$——自动截止器动作关闭发射开关时的发射气瓶压力，即截止压力；
　　　$A_{j1}$——活塞面积；
　　　$A_{j2}$——活塞杆面积；
　　　$F_{jt}$——弹簧张力；
　　　$F_{mz}$——滑阀与截止器壳体之间的摩擦力。

发射气瓶压力下降到截止压力时，弹簧伸张推动活塞带动自动截止器滑阀动作，动作结果如图 4-2-7 所示。发射阀上腔到排气阀的通路断开，而截止气瓶的压缩空气进入发射阀上腔，发射开关关闭。所以，发射开关的通气面积在发射气瓶压力下降达到 $p_{Bj}$ 时其值为 0。

**2. 发射开关气体流量模型**

发射开关气体流量模型为

$$\frac{dm_s}{dt} = \varphi_f S_v \rho_i v_{ai} \qquad (4-2-10)$$

式中　$\varphi_f$——流量系数，一般取 0.6；
　　　$S_v$——发射开关通气面积。

$$v_{ai} = \begin{cases} \sqrt{\dfrac{2KR}{K-1}T_s\left[1-\left(\dfrac{p_q}{p_s}\right)^{\frac{K-1}{K}}\right]} & \dfrac{p_q}{p_s} > \left(\dfrac{2}{K+1}\right)^{\frac{K}{K-1}} \\ \sqrt{\dfrac{2KR}{K+1}T_s} & \dfrac{p_q}{p_s} \leq \left(\dfrac{2}{K+1}\right)^{\frac{K}{K-1}} \end{cases} \qquad (4-2-11)$$

$$\rho_i = \frac{p_i}{RT_i} \tag{4-2-12}$$

$$p_i = \begin{cases} p_q & \dfrac{p_q}{p_s} > \left(\dfrac{2}{K+1}\right)^{\frac{K}{K-1}} \\ p_s\left(\dfrac{2}{K+1}\right)^{\frac{K}{K-1}} & \dfrac{p_q}{p_s} \leq \left(\dfrac{2}{K+1}\right)^{\frac{K}{K-1}} \end{cases} \quad T_i = T_s\left(\dfrac{p_i}{p_s}\right)^{\frac{K-1}{K}} \tag{4-2-13}$$

式中 $v_{ai}$——流经发射开关的压缩空气流速；

$\rho_i$——压缩空气密度。

## （三）气缸模型

对于气缸缸体，由能量平衡公式可知

$$q_{in} - q_{out} + Kc_V(\dot{m}_{in}T_{in} - \dot{m}_{out}T) - \dot{W} = \dot{U} \tag{4-2-14}$$

式中 $q_{in}$、$q_{out}$——热量变化率；

$c_V$——比定容热容，$Kc_V = c_p$，其中 $K=1.4$，$c_p$ 为比定压热容；

$\dot{W}$——做功功率；

$\dot{U}$——内能变化率，$\dot{U} = \dfrac{d}{dt}(c_V mT)$。

由于

$$\dot{U} = \frac{d}{dt}(c_V mT) = \frac{d}{dt}\left(\frac{R}{K-1}mT\right) = \frac{1}{K-1}\frac{d}{dt}(pV) = \frac{1}{K-1}(V\dot{p} + p\dot{V}) \tag{4-2-15}$$

$$\dot{W} = p\dot{V} \tag{4-2-16}$$

由克拉波龙方程可得

$$pV = nRT$$
$$p = \rho RT \tag{4-2-17}$$

将式（4-2-15）、式（4-2-16）、式（4-2-17）代入式（4-2-14），可得

$$q_{in} - q_{out} + K\frac{R}{K-1}(\dot{m}_{in}T_{in} - \dot{m}_{out}T) - p\dot{V} = \frac{1}{K-1}(V\dot{p} + p\dot{V})$$

$$q_{in} - q_{out} + \frac{K}{K-1}\frac{p}{\rho T}(\dot{m}_{in}T_{in} - \dot{m}_{out}T) - \frac{K}{K-1}p\dot{V} = \frac{1}{K-1}V\dot{p} \tag{4-2-18}$$

设气缸工作过程为绝热过程，则 $q_{in} - q_{out} = 0$，$T_{in} = T$，可得

$$\dot{p} = K\frac{RT}{V}(\dot{m}_{in} - \dot{m}_{out}) - K\frac{p}{V}\dot{V} \tag{4-2-19}$$

设气缸压力为 $p_q$，体积为 $V_q$，工作过程无气体排放，则气缸内空气质量变化率 $\dfrac{dm_c}{dt} = \dot{m}_{in} - \dot{m}_{out}$，则气缸运动方程由式（4-2-19）可得

$$\frac{dp_q}{dt} = K\frac{RT_q}{V_q}\frac{dm_c}{dt} - K\frac{p_q}{V_q}\frac{dV_q}{dt} \tag{4-2-20}$$

气缸内空气质量变化率为

$$\frac{dm_c}{dt} = -\frac{dm_s}{dt} \tag{4-2-21}$$

选择坐标原点为气缸运动初始点，则有

$$V_q = V_{q0} + (S_q - S_{qg})x_h \tag{4-2-22}$$

式中　$V_{q0}$——气缸内气体初始体积；
　　　$S_q$——气缸活塞面积；
　　　$S_{qg}$——气缸活塞杆面积；
　　　$x_h$——活塞位移。

> 助学资源　军事职业教育平台/慕课水中兵器发射技术/第四章液压平衡发射能量控制方法/第一节液压平衡发射技术数学模型/知识点4气缸数学模型

### （四）活塞模型

活塞组件由气缸活塞、活塞杆和水缸活塞组成，是实现气体能量到海水能量传递的中间装置。由牛顿第二定律，有

$$m_p\frac{d^2x_h}{dt^2} = p_q(S_q - S_{qg}) + p_H S_w - p_a S_q - p_w(S_w - S_{qg}) - F_R \tag{4-2-23}$$

式中　$m_p$——活塞组件的质量（为气缸活塞、水缸活塞以及活塞杆质量之和）；
　　　$F_R$——活塞组件受到的摩擦力；
　　　$S_w$——水缸活塞面积；
　　　$p_a$——潜艇舱内压力。

### （五）水缸模型

体积弹性模量公式为

$$E = -\frac{\mathrm{d}p}{\mathrm{d}V/V_0} \qquad (4-2-24)$$

式中 $E$——体积弹性模量；

$p$——压力；

$V_0$——初始体积。

将水缸、发射水舱及发射管内海水作为控制体研究，根据体积模量公式（4-2-24），推导得到水缸压力方程为

$$\frac{\mathrm{d}p_\mathrm{w}}{\mathrm{d}t} = \left(-q_{\mathrm{w}0} + (S_\mathrm{w} - S_{\mathrm{qg}})\frac{\mathrm{d}x_\mathrm{p}}{\mathrm{d}t}\right)\frac{E}{V_\mathrm{w}} \qquad (4-2-25)$$

式中 $p_\mathrm{w}$——水缸压力；

$q_{\mathrm{w}0}$——水缸出流孔排出水的流量；

$V_\mathrm{w}$——水缸控制体体积，活塞位移为 $x_\mathrm{p}$ 时，$V_\mathrm{w} = V_{\mathrm{w}0} - (S_\mathrm{w} - S_{\mathrm{qg}})x_\mathrm{p}$，其中 $V_{\mathrm{w}0}$ 为水缸控制体初始体积；

$E$——水的体积弹性模量。

**（六）发射管内动力学模型**

武器在发射管内的动力学模型主要描述武器在发射管内水压作用下的受力与运动规律。

发射管内海水压力变化为

$$\frac{\mathrm{d}p_\mathrm{g}}{\mathrm{d}t} = (q_{\mathrm{g}i} - q_{\mathrm{g}0} + Sv_\mathrm{T})\frac{E}{Sl_\mathrm{c} + V_{\mathrm{g}0}} \qquad (4-2-26)$$

式中 $p_\mathrm{g}$——发射管内海水压强；

$v_\mathrm{T}$——武器在发射管内运动速度；

$V_{\mathrm{g}0}$——发射管内武器后部海水初始体积；

$S$——发射管横截面积；

$q_{\mathrm{g}i}$——发射水舱进入发射管海水流量，$q_{\mathrm{g}i} = \varphi_{\mathrm{w}i} S_\mathrm{h} \sqrt{\frac{2}{\rho_\mathrm{h}}(p_{\mathrm{sc}} - p_\mathrm{g})}$，其中 $\varphi_{\mathrm{w}i}$ 为发射管滑套阀进水流量系数，$S_\mathrm{h}$ 为滑套阀进水孔面积，$p_{\mathrm{sc}}$ 为发射水舱海水压力；

$q_{\mathrm{g}0}$——发射管间隙流量，$q_{\mathrm{g}0} = \frac{\pi d_\mathrm{T} s_\mathrm{f} p_\mathrm{c}}{12\delta l_x} + \frac{\pi d_\mathrm{T} s_\mathrm{f}}{2}v$，其中 $d_\mathrm{T}$ 为武器直径，$s_\mathrm{f}$ 为武器和发射管间隙直径，$p_\mathrm{c}$ 为发射管内膛压，$\delta$ 为海水运动黏

性系数，$l_x$ 为发射管间隙长度。

> **助学资源** 军事职业教育平台/慕课水中兵器发射技术/第四章液压平衡发射能量控制方法/第一节液压平衡发射技术数学模型/知识点 5 水缸及水舱数学模型

武器后部海水与武器以相同速度向发射管运动，且海水质量不断增加，将运动中的海水与武器视为整体考虑，运动方程为

$$\frac{dv}{dt}=\frac{1}{m}(p_g S_T - p_H S_T - F_m - R_x - S\rho v^2) \quad (4\text{-}2\text{-}27)$$

式中　$p_H$——舷外海水压力；

　　　$F_m$——发射管机械摩擦力，$F_m = \mu(m_T g - B_T)$，其中 $m_T$ 为武器质量，$B_T$ 为武器浮力；

　　　$R_x$——武器流体阻力，$R_x = \frac{1}{2}C_x \rho_H v_T^2 \Omega_T$，其中 $C_x$ 为武器流体阻力系数，$\Omega_T$ 为武器的沾湿面积。

武器出管时，水缸与艇外海水相通，水缸内压力可表示为

$$p_W = \frac{p_{Hw} S_w}{S_w - S_s} \quad (4\text{-}2\text{-}28)$$

式中　$p_{Hw}$——水缸前端海水压力，且

$$p_{Hw} = \rho g H + p_0 + \frac{\rho v_{sub}^2}{2}$$

式中　$p_0$——大气压强。

对于同一装置在不同时刻发射武器时，实际数值也存在差异，因此建立的模型并不能完全反映水下发射状态。所以，上述所建立的属性模型只能近似描述发射过程，但从设计的角度考虑，忽略次要因素是可以的。

> **助学资源** 军事职业教育平台/慕课水中兵器发射技术/第四章液压平衡发射能量控制方法/第一节液压平衡发射技术数学模型/知识点 6 发射管内武器受力分析

## 第三节　仿真设置及流程

### 一、仿真参数

仿真选定鱼雷作为发射武器，发射过程仿真的主要参数如下：
气瓶初压：10MPa。
气瓶初温：300.0K。
气瓶容积：140L。
发射管横截面面积：0.2254$m^2$。
鱼雷质量：1680kg。
鱼雷浮力：4570N。
鱼雷水阻力系数：16。
活塞组件质量：913.28kg。
气缸活塞面积：0.1956$m^2$。
水缸活塞面积：0.7791$m^2$。
活塞杆截面积：0.0079$m^2$。
水缸特形孔面积：0.36$m^2$。
滑套阀特形孔面积：0.4368$m^2$。

### 二、仿真流程

根据以上数学模型用四阶龙格-库塔方法求解内弹道数学模型，结合发射装置相应的技术参数可对内弹道进行仿真，其仿真流程如图4-3-1所示。

**助学资源** 军事职业教育平台/慕课水中兵器发射技术/第四章液压平衡发射能量控制方法/第二节液压平衡发射能量控制方法液压平衡发射技术数学模型/知识点1液压平衡发射技术数学模型建立与求解思路

### 三、内弹道仿真结果

通过仿真可获得发射过程发射装置中发射气缸、水缸、发射管压力特性参数，下面给出了各参数的时间变化曲线。

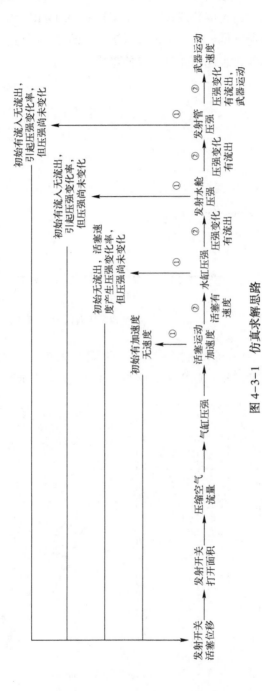

图 4-3-1 仿真求解思路

图 4-3-2 所示为水缸、发射水舱和膛压时间-压力曲线。由图 4-3-2 可知，三个部位的压力最大值分别达到 0.474MPa、0.34MPa 和 0.278MPa，比液压平衡式发射都有所降低，这是由于降低了气瓶的初始压力。由于受气缸压力的影响，其压力曲线也表现出先升后降的趋势。

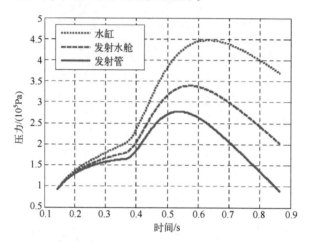

图 4-3-2　水缸、发射水舱和膛压时间-压力曲线

图 4-3-3 所示为不同气瓶初始压力下膛压的时间-压力曲线。由图可知，随着气瓶初始压力的减小，膛压逐渐降低。图 4-3-4 所示为不同气瓶初始压

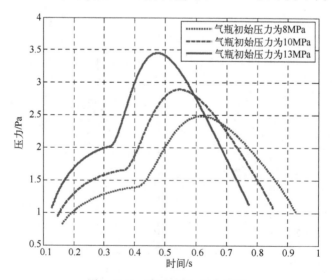

图 4-3-3　膛压时间-压力曲线

114

力下武器的速度-时间变化曲线。图 4-3-5 所示为不同气瓶初始压力下鱼雷的位移-时间变化曲线。

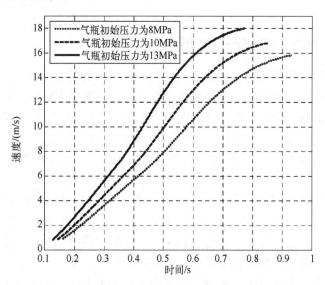

图 4-3-4　武器速度-时间曲线

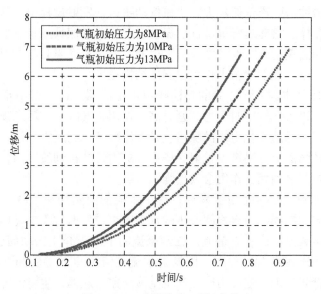

图 4-3-5　武器位移-时间曲线

## 第四节　其他发射噪声控制方法

### 一、其他发射噪声产生原因

数据表明，潜艇发射噪声极易被其他作战平台发现，发射噪声使潜艇噪声升高约 20dB，持续约 10s，发射噪声已经成为破坏潜艇隐蔽性的重要问题。因此，分析发射噪声产生机理，降低发射噪声对于保持潜艇隐蔽性至关重要。降噪技术研究主要包括两方面：一是发射噪声源产生的原因；二是降低发射噪声的措施及试验验证。下面首先来分析液压平衡式发射装置产生噪声的主要原理。

（1）机械冲击噪声是由于运动部件之间需要加速或减速时相互冲击而产生的噪声，以及由于工质做功对固定部件（发射管及其气、水缸）反作用力产生的噪声。例如，打开发射管前盖时，由于液压系统的缓冲性能、减阻板与艇体的碰撞等因素产生的机械噪声、发射时水压平衡系统中水缸活塞与水缸后壁碰撞产生的巨大噪声等。虽然为了避免水缸活塞直接撞击水缸引起较大的冲击，目前的发射装置已经在水缸活塞和水缸后壁上设置了缓冲机构，然而实践证明该项机械冲击噪声依然较大。机械振动噪声是发射过程中，其他噪声源传递到发射管管体、潜艇艇壳等部件的振动引起的；摩擦噪声是发射过程中机械零件之间互相高速运动，彼此摩擦而产生的，如鱼雷离艇时与发射管之间挤碰引起的噪声、由于发射冲击力作用引起的结构噪声。

（2）高压气体进入气缸时的喷注噪声也是武器发射过程中重要的噪声源之一，高压气进入气缸中时压力急剧升高，作用于气缸头和活塞顶部引起捶击作用，这种压力迅速变化生成的噪声就是喷注噪声。高压空气注入气缸或发射管内会产生较强的喷注噪声，发射完毕后气缸内气体排到舱室内，由于流体中气体与固体边界之间相互作用会发出强辐射噪声。

（3）海水流动噪声是由于发射过程中水流的突然加速或减速造成的水流之间、水流与周围固体边界之间产生的水击噪声；发射过程中高压气和海水的运动都会产生紊流噪声，它是流体在紊流流动中由于介质振动而引发的噪声。空化噪声是由于在发射过程中，因发射水流在流道口下游的局部区域形成负压，当负压低于当地空泡压力时会产生空泡现象，从而产生空泡噪声。管口射流冲击噪声，在发射过程中，不仅管内海水会产生流动噪声，当武器出管后，随武器运动的海水会对非耐压壳体形成冲击射流，激发出加大的噪声。射流冲击激励内外壳体是发射过程的重要噪声源。由管口出发的运动海水与静介质接触,不断产生漩涡并向静止流体中推进,射流不断变宽,射流边缘在外壳板上发射形成压力场,当喷射漩涡达到外壳板时就成为反馈信号,使射流中的扰动增加,喷射漩涡随射流通过外管口再发生反射,因而产生较大噪声。

总结各国海军经验可以发现,降低武器发射装置的发射噪声主要可从两方面着手:一方面是对现有装备改造升级,采取减振降噪措施,消除振动源或削弱振动强度,隔离振动与冲击传播路径,尽量减少可传递的能量;另一方面就是新型动力方式发射装置的研制,将新型动力源发射装置装备化、工程化,从初始型号设计阶段就把降低发射装置的辐射噪声摆在突出位置。

## 二、振动控制技术

我国新型潜艇在气动液压平衡式发射装置上采取了一些降噪措施,对发射后的废气利用消音器进行了技术处理,这种控制方法对控制中、高频噪声较为有效,而对低频噪声的控制效果不明显。通过研究发现,潜艇发射噪声是具有方向性的宽带噪声信息,信息能量主要集中在低波段,与潜艇的航行噪声有着明显的区别,低波段的发射噪声信息是破坏潜艇隐蔽性的主要信息载体。此外,其他的系统部件没有进行声学处理,从而造成了目前发射噪声远远大于潜艇的航行噪声,因此降低发射噪声是目前摆在我们面前的一项迫切任务。本节主要研究通过减振控制发射噪声的方法。

按照控制方式的不同,振动控制技术可分为消振、隔振、吸振、阻振和动态设计。

(1) 消振:消除或减弱振动。这是一个治本的方法,因系统振动噪声是由振动引起的,故外因消除或减弱,系统响应自然也得到消除或减弱。

(2) 隔振:振动隔离。这是在振源与系统之间采取一定措施,安置适当制振、隔振器材以减小传递到接收结构的振动强度,其实质是在振源与系统之间附加一个子系统(隔振器)。

(3) 吸振:又称动力吸振。在受控对象上附加一个动力吸振器,用它产生吸振力以减小受控对象对振源激励的响应。

(4) 阻振:阻尼减振。在受控对象上附加阻尼器或阻尼元件,利用阻尼特性最大限度地消耗振动能量。

(5) 动态设计:通过修改受控对象的质量、刚度和阻尼等动力特性参数,使振动满足预定的要求。

其中隔振为最为常用的手段。在隔振设计中,隔振效果的衡量还有以下一些常用参数。

隔振效率:$I=1-T$,$T$ 为传递系数。

幅降倍数：代表了采用隔振措施后，系统振幅比基础扰动幅值降低的倍数，常用绝对传递率的倒数表示。

隔振系数：代表采用隔振措施后振动级降低的程度，常以分贝（dB）表示。

在工程实际中，通常用振级落差作为评定振动隔离效果的主要参数。

振级落差：机组在弹性安装情况下，在弹性支承（隔振器）上、下的振动响应之比。可测量、易操作。

主要振动控制技术有以下几个。

**1. 浮阀隔振技术**

浮阀隔振技术被世界各国海军和船舶行业广泛应用在各型舰船上，它的隔振原理是利用适当的阻尼隔振器使振动和噪声能量消耗（图4-4-1），以清除设备因工作时产生对机座的冲击，并防止设备因振动而导致的结构疲劳损坏以及由于"声振耦合"产生的噪声辐射。目前应用在国外核潜艇上的减振浮阀技术已经使潜艇的结构噪声降低15~20dB。浮阀减振的关键是在振源与系统之间附加的隔振器。隔振器除传统的弹簧之外还有阻尼橡胶隔振器、空气弹簧隔振器等。橡胶隔振器使用广泛，可以做成各种形状，内部阻尼比弹簧大，但易老化且产生蠕变。国外潜艇泵组的金属橡胶隔振垫可达到10dB的减振降噪效果。

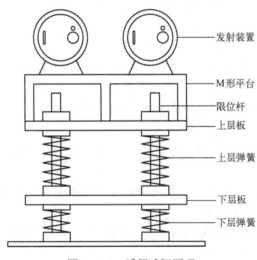

图4-4-1 浮阀减振原理

隔振器的主要机械参数有以下几个。

（1）载荷范围：隔振器正常工作时所能承受的最大载荷与最小载荷（即

设备重量)。最大载荷和最小载荷的比值通常不超过 2。

(2) 静态强度：隔振器不产生永久变形所能承受的最大载荷。

(3) 回弹性能：隔振器使被隔振设备受扰动后回复到初始位置的能力。此性能对某些设备如导航设备（陀螺仪）等上用的隔振器尤为重要。

(4) 耐久性：在某一频率、振幅和载荷作用下，隔振器动态性能不发生变化所能承受的最大循环次数。

(5) 老化：包含两个意义，一是隔振器不变质或动态性能不发生变化所能保存的最长时间，二是隔振器在给定载荷和给定时间间隔下静变形的最大蠕变量。

浮阀系统（图 4-4-2）数学模型为

$$\begin{cases} m_1\ddot{x}_1 + c_1(\dot{x}_1 - \dot{x}) + k_1(x_1 - x) = f_1 \\ \vdots \\ m_n\ddot{x}_n + c_n(\dot{x}_n - \dot{x}) + k_n(x_n - x) = f_n \\ m\ddot{x} + c\dot{x} + kx - \sum_{i=1}^{n} c_i(\dot{x}_i - \dot{x}) - \sum_{i=1}^{n} k_i(\dot{x}_i - \dot{x}) = 0 \\ c\dot{x} + kx = \bar{f} \end{cases} \quad (4\text{-}4\text{-}1)$$

式中　$c$——阻尼系数；

　　　$k$——弹簧刚度；

　　　$x_i$——分系统位移，$i = 1, 2, \cdots, n$；

　　　$m$——中间质量；

　　　$x$——中间质量位移；

　　　$\bar{f}$——支撑面支持力。

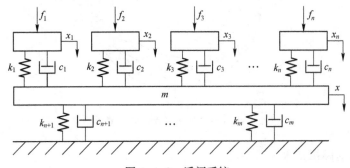

图 4-4-2　浮阀系统

**2. 豆包减振器**

浮阀减振中间质量为刚性体，如能对它作进一步改进，则会进一步降低噪声。豆包减振器是将一定数量的技术颗粒用坚韧耐磨的软质包袋包起来以代替刚性质量块的新型冲击减振器。和传统的冲击减振器相比，豆包减振器具有减振频带宽、冲击力小、无噪声等优点。同时这种减振器结构简单、设计方便、耐油污和高温、不易老化，特别适用于工作环境恶劣的场合（图4-4-3）。根据豆包阻尼减振的原理，并结合发射装置动力系统的外形结构特点，设计出针对发射装置动力系统的豆包阻尼减振器如图4-4-4所示。在环形密闭的空腔里均匀布置着弹簧质量块，并在空腔里灌满黏度适宜的液体，如机油等。此豆包阻尼减振器分为上、下两部分圆环，通过螺栓将豆包固定在动力装置上。

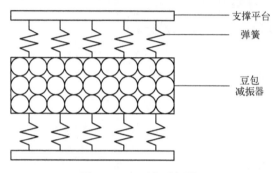

图4-4-3　豆包减振器

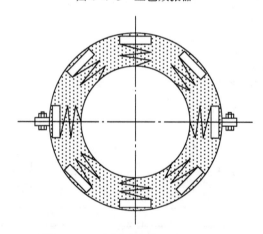

图4-4-4　发射动力装置豆包减振器

### 3. 主动隔振技术

双层隔振与浮筏技术，由于加了浮筏，整个系统自由度增加，自振频率也随之增大，所以尽管对高频振动隔离比较有效，但低频性能并不好，而潜艇发射噪声正是低频噪声。新的主动隔振技术可以解决这个问题，其原理是在振源与受控对象之间串入一个能够进行主动控制的子系统,用它减小受控对象对振源激励的响应。

主动控制系统主要由受控对象、作动器、控制器、测量系统、能源及附加子系统组成,其中控制器、作动器和振动传感器是主动隔振技术的关键部件(图4-4-5)。控制器是主动控制系统中的核心环节,可分为前馈控制器和反馈控制器。前馈控制器适用于对特定扰动采取补偿措施的情况,具有响应快速的特点;反馈控制器则适用于在扰动因素较多且不可检测的情况,它能自行减少或消除扰动对输出的影响,特别适合于对复杂系统和参数不确定系统的控制,如隔振平台、柔性结构等。控制器用以实现所需的控制规律。传感器是振动主动控制中的一个重要元件。如果传感器不能精确测得系统的振动量,则不可能获得很好的控制效果。常用传感器一般有加速度传感器、速度传感器和位移传感器。作动器也称为执行器,是实施振动主动控制的关键部件。实用的作动器应该具有以下特点:较短的时间延迟,其控制信号到输出的主动控制力之间的时间延迟不能太大;输出信号和输入信号之间呈线性关系,不能发生过大的畸变;足够宽的频响;结构紧凑、质量小而输出力较大;性能可靠等。传统上主要采用液压、气动、电动和电磁作动器。主动隔振器模型如图4-4-6所示。

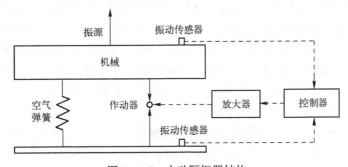

图 4-4-5 主动隔振器结构

主动隔振器数学模型为

$$m\ddot{x} + c_a\dot{x} + k_a x - k_p x = f_d - f_c \tag{4-4-2}$$

式中 $k_p$——电磁铁产生负刚性系数;

$f_c$——作动器产生的电磁力。

**4. 管路振动控制**

(1) 管路振动控制措施。发射装置管路系统中,由于工作过程的不完善,伴有工作介质的振荡和脉动,介质脉动所产生的交变力,管路中的弯头、阀门等具有通道面积突变和流道方向突变特征的结构都是诱发管路振动的部位,而

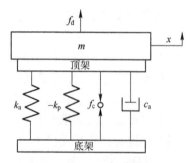

图 4-4-6　主动隔振器模型

这些管路部件通常分布在整个管路系统中,使管路及其连接的附件形成振动。另外,系统中的泵、阀门和弯头等所产生的流体噪声及振动也会传递到管路系统中,使管路系统产生振动。与管路相连的机械设备的振动也可以引起管路振动。振动峰值主要出现在低频范围。发射装置液压系统由于适应不同工况的需要,系统中某一元件会经常改变工作状态,如阀的开闭、载荷的变化、不同发射状态液压油的流动状态改变等,短时间的状态扰动和再次稳定,液压油做功的部件扰动和管路上阀件的作用将形成湍流、空化现象,当管路长度刚好等于发生共振的管路长度时,就会发生强烈的高频噪声。主要对策是提高管路结构的刚度、管路结构的阻尼、消除管路的激振力以及对管路进行优化设计等,避免共振,减少管路振动振幅,增大输液管的临界流速。改变管路形状,改变管路固有频率,避开共振波段,降低管路结构的振动幅度。改变管路长度,增加管路约束,降低管路振动。管路短固有频率高,管路长固有频率低。

(2) 控制管路系统振动的传递。首先,在设计之初对管路系统进行振动特性分析,防止管路系统的固有频率接近源设备的激励频率而出现共振现象。其次,潜艇管路系统中采用大量的挠性接管和弹性支撑结构来降低管路振动向管壁的传递。挠性接管根据材料不同,可分为金属挠性接管和橡胶挠性接管两大类,一般安装在源设备的流体进出口附近,用作隔振设备的各种进出管路的过渡连接,起到补偿位移以及隔离管路振动的作用。管路系统在舱内布置时,每间隔一段距离都会在支撑或者悬吊结构处采取弹性垫层的方式,降低管路与舱壁之间的连接刚度,阻碍弹性波向舱壁的传递,有时在支撑结构与基座之间还会插入隔振元件(图 4-4-7),以进一步增强隔振效果。也可以使用主动吸振器,满足潜艇管路系统的主动吸振器必须具有自适应调频、出力大、线性度好、体积小,且能多向吸振的特点。有研究表明,主动控制技术可将沿管路传递的振动噪声衰减 20dB 以上。例如,瑞典利用环状分布的压电叠片研制非浸入式管路主动吸振器,有效衰减了流体脉动;德国开发了一种应用于充液管路的三维吸振器，通过调节控制元件的质量、刚度参数实现了吸振中心频率可调，并在工程实际中得到了应用。

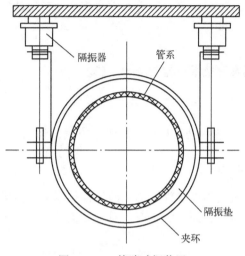

图 4-4-7　管路减振装置

# 小　结

本章聚焦液压平衡发射技术，围绕液压平衡发射技术发射降噪问题分析发射噪声产生的机理，发现控制发射能量降噪的技术手段，从能量分析角度建立液压平衡发射内弹道方程，使用仿真技术为发射能量调整提供验证工具，从而为高效实现液压平衡发射降噪提供有效技术手段。本章还介绍了隔振降噪的相关技术手段，为系统降噪设计提供全面技术支持。

## 思考与练习

**记忆**

1. 往复泵液压平衡式发射装置主要由哪些部件组成？试描述其发射过程的动作原理。

2. 往复泵液压平衡式发射装置分为哪两种？有何不同？

**理 解**

试描述往复泵液压平衡式发射内弹道建模的主要思路。

**分 析**

分析液压平衡发射技术可能的降噪方法。

**评 估**

小组合作设计 2~3 种液压平衡发射降噪方案，运用工程思维评估优劣。

**创 造**

从控制发射能量的角度设计液压平衡发射技术降噪方案，并通过仿真分析验证其可行性。体会创新设计的难度，总结如何保持个人创新的动力。

# 第五章 气动不平衡发射技术

**本章导读**：潜艇是最具突击威力的水下作战平台，无论是常规潜艇还是核潜艇，其携带的弹道导弹、远程巡航导弹和鱼水雷等多种武器，既可对水上、水下机动的舰船实施攻击，也可攻击陆上目标。作为威力强大的作战平台潜艇携带的武器种类随着潜艇性能的提升日益繁多，为保障高价值潜艇平台的自身安全，除了传统的鱼雷、导弹等攻击武器外，潜艇还装备有防御武器，如声诱饵、声干扰器等。随着潜艇武器技术的发展，防御性硬杀伤武器如反鱼雷鱼雷、悬浮式深弹等也加入了潜艇武器的行列，潜艇防御关乎潜艇生存，必须做到料敌从宽、御敌从严，才能真正遏制态势、管控危机，由于事物的存在发展要一切以时间、地点条件为转移，所以当发射的条件、环境和对象发生改变时，为充分发挥各型武器的作战效能，确保潜艇平台安全，必须对新型防御武器的发射可行性和有效性进行充分论证分析。为提升反应速度、简化结构，潜艇防御武器通常采用气动不平衡发射技术。气动不平衡发射技术使用压缩空气作为发射动力，并将压缩空气直接注入发射管推动武器出管。气动不平衡发射技术是现代潜艇出现以来最传统的发射技术，也是至今仍然被广为采用的发射方式。

本章重点分析利用气动不平衡发射技术发射潜艇新型防御武器的可行性。内容从分析传统气动不平衡发射系统的发射原理和建立内弹道模型出发，从一般到特殊、从通用类型过渡到防御武器发射装置，借助防御武器气动不平衡发射系统的发射能量控制模型实施潜艇新型防御武器的发射可行性仿真分析。通过本章的学习，读者将理解气动不平衡发射原理和数学模型，将发射能量控制的方法熟练地应用于发射可行性分析的过程，掌握分析发射可行性的方法，使用指技融合的思路解决实际作战问题。本章导读思维导图如图 5-0-1 所示。

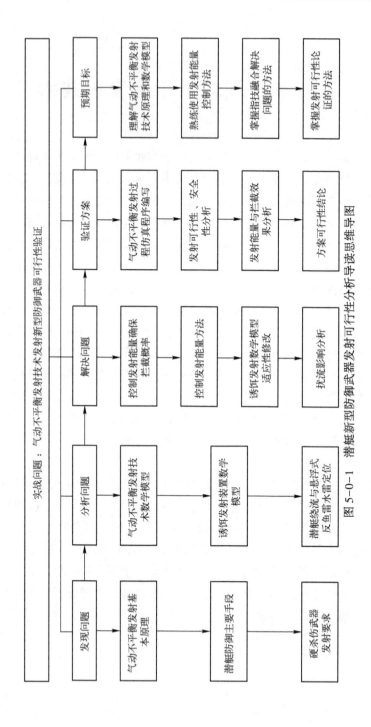

图 5-0-1 潜艇新型防御武器发射可行性分析导读思维导图

# 第五章　气动不平衡发射技术

## 第一节　潜艇新型武器发射可行性测试技术

### 一、武器发射的物理仿真试验

仿真试验技术在国防工业各领域得到广泛应用，是军工产品试验、训练、测试技术发展的必然趋势。信息技术进步使仿真试验技术的研究有了更可靠的技术保障，使其不断成熟，应用范围不断扩大。仿真试验技术适用于武器装备寿命周期各个阶段，包括可行性论证、方案论证、研制生产、试验与评价、使用与训练等各个阶段的试验、测试和训练。通过各个阶段的虚拟、仿真试验获得充分可信的、与武器装备性能的相关信息，减少了武器装备采购、生产等过程中的盲目性和不确定性因素，增强了决策的合理性和科学性。发达国家以建模仿真技术为基础的仿真试验技术已成为武器系统试验与评价工作的重要组成部分，而且有些场合可以部分地取代物理试验，成为武器系统试验与评价的新途径。

潜艇上通过发射装置平台发射出管的武器种类越来越多，包括多型自导鱼雷、线导鱼雷、导弹、水雷、声诱饵等，各型武器对发射腔压和出管速度等发射参数条件的要求均不相同。然而根据作战环境需求，有可能出现同舷发射或不同舷发射，单品种武器的单射、齐射，以及多品种武器齐射或是混合连射。各种武器发射流程的设计和验证只有在实验室阶段完成后，才能实艇验证，达到资金成本、人员成本、时间成本和效率的最优化。

仿真发射通道主要以发射装置模拟设备为核心进行构建，用于模拟多具发射管、多个发射系统，代替发射装置实际发射通道。

仿真发射通道如与发射装置电控系统配合使用，可以执行潜艇作战系统规定的发射流程，验证发射装置电控系统的各项功能及性能指标；仿真发射通道如与假海试验设施结合，还可以完成武器发射的半实物仿真试验，验证发射装置的各项功能和武器发射的可行性。

潜艇发射装置的种类、功能日新月异，除了发射鱼雷外，还要求能布放水雷、发射导弹、发射软、硬杀伤防御武器等。在新型武器研制阶段，为了考核性能是否达到已有发射装置的发射要求，将在假海中进行武器试射，验证武器发射的可行性。假海就是模拟海洋环境进行武器发射试验的设施，通过循环水道将假海筒体结构和模拟发射水舱连接起来，构成一个压力平衡系统。在假海主体结构中注入一定容量的水后，再在假海筒体结构中注入不同压力的气体，模拟不同深度的海洋环境，从而进行不同型号的武器发射试验仿真，原理框图如图 5-1-1 所示。

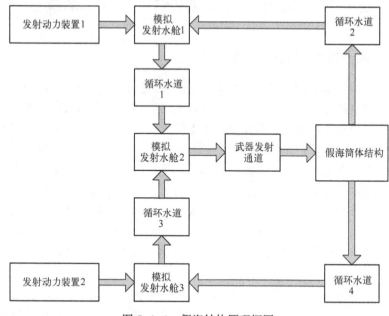

图 5-1-1　假海结构原理框图

## 二、发射装置试验测试技术

发射装置是一种机电一体化的产品，其试验测量有两个方面的内容：一方面是发射鱼雷的内外弹道测量；另一方面是有关结构件的强度和稳定性测量。涉及位移、速度、加速度、压力、应力、应变、温度等诸多物理量。这些参数的测量用机械的、光电的测量技术以及非电量的电测技术进行。事实上，随着发射装置的发展，它的测试技术也在不断进步。例如，就内弹道参数和膛压的测量而言，就从早期的机械式音叉测量和弹簧测功器测压演变为光电测速和传感器测压，从单个参数的有限个测量点数据获取及手工处理数据到利用微机进行多个参数的连续采集及处理。

就目前采用的测试手段而言，为取得需要的位移、速度、加速度等物理量所采用的电测技术，其本质就是把上述非电物理量，转换成与其有特定关系的电学量后进行测量。为此，需要各种各样的传感器、测量电路、二次仪表，以进行信号采集、传输和调整、记录、显示和输出。其系统原理如图 5-1-2 所示。各部分功能如下：

（1）传感器：把被测物理量的变化转换成与其有确定关系的电学量的变

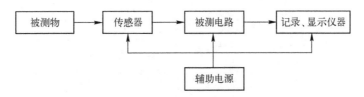

图 5-1-2 非电量电测原理框图

化的元件或装置，对于不同的物理量的测量有各种不同的传感器，发射装置测试常用的有位移传感器、压力传感器。

（2）被测电路：把传感器输出的信号转换成便于记录、显示和处理的电信号的电路，通常包括电桥、放大器、检波器、滤波器、微分电路、积分电路及其他线路，常用的有静态电阻应变仪、动态电阻应变仪、信号放大器等。

（3）记录、显示仪器：其作用是以曲线或数字形式记录、显示测量结果。常用的有光线示波器、磁带记录仪、计算机测试仪等。

（4）辅助电源：提供测量系统必需的工作电源。

## 第二节　气动不平衡发射原理分析

气动不平衡发射技术按照管中武器发射弹道设计要求，按一定的规律将压缩空气从储气瓶中输送到发射管中，使其膨胀做功，将发射工质的内能转化为武器的动能，使管内的武器按设计弹道运动出管。同时要求出管之前的某一时刻，泄放阀启动将管内做完功，但仍具有一定压力的气体吸收到舱室里来，以免其逸出管外，到海面形成暴露潜艇的气泡，破坏潜艇的隐蔽性；在吸收废气的同时，还要吸收定量的海水，以补偿武器发射的负浮力，避免潜艇过度纵倾，保证潜艇发射武器时的操纵性。根据上述功能要求和发射能量分析的结果，气动不平衡发射装置结构原理如图 5-2-1 所示，压缩空气储存在发射气瓶中。

整个发射过程分为发射、截止和泄放三个阶段。在发射阶段，发射开关按照设定的速度打开，控制发射气瓶中的压缩空气顶开单向阀，定时定量地进入发射管，在管内武器尾部积聚做功，推动武器运动出管。在武器出管过程中，为保证供气量大小适中，发射开关需要及时关闭，所以需进入截止阶段，自动截止器根据深度传感器传来的深度压力和发射气瓶压力的变化适时启动，使发射开关关闭，停止向发射管供气，截止阶段完成。为满足无泡无倾差的发射要求，发射管中的压缩空气和海水需回收到舱室中，回收压缩空气防止产生气

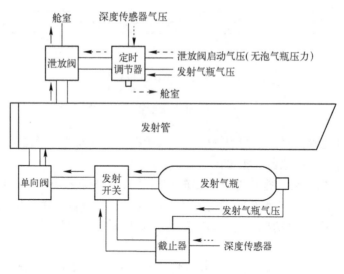

图 5-2-1 气动不平衡式发射装置结构原理

泡；回收海水均衡武器发射离管后潜艇重量的变化，防止潜艇姿态的突然变化，保证潜艇的操纵性。为此，发射过程随即进入泄放阶段，定时调节器根据深度压力、泄放阀启动气源压力（无泡气瓶压力）和发射过程中发射气瓶压力变化，在管中武器运动到发射管大约 3/4 时适时启动，使作为泄放阀开启动力的压缩空气进入泄放阀驱动活塞上端顶开泄放阀，从而使发射管中的压缩空气和海水开始回收到舱室内的水柜，海水留在水柜中，而压缩空气通过水柜进入舱室，造成舱室升压。发射深度越大，升压越快，幅度越大，舱室升压会对艇员身体产生不利影响，大幅度快速升压时甚至危及艇员生命，这就限制了气动不平衡发射装置的发射深度。海水和压缩空气的回收量由泄放阀持续开启的时间决定，在泄放过程中，武器继续运动出管，直至完全离管，完成内弹道。武器运动离管后，泄放阀继续回收管内压缩空气和海水，在整个泄放过程中定时调节器定量释放无泡气瓶压缩空气降低其压力，使其在一定时间内下降到预定值之下，泄放阀驱动活塞在弹簧的作用下顶起从而关闭泄放阀，完成泄放阶段。各阶段过程如图 5-2-2 所示。

助学资源 军事职业教育平台/慕课水中兵器发射技术/第一章水中兵器发射技术基础知识/第一节水中兵器发射技术基础知识/知识点 4 气动不平衡发射技术

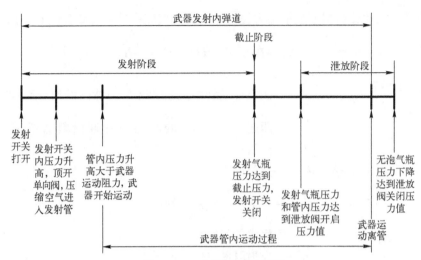

图 5-2-2　发射过程阶段图

## 第三节　发射能量分析

气动不平衡发射技术通过发射开关将发射气瓶中的高压空气按照一定的规律注入发射管内，利用压缩空气膨胀做功，推动武器以一定速度出管，为防止发射管内海水倒流，造成发射开关腐蚀，在发射开关与发射管之间设置有单向阀。同时，为了保证潜艇本身的隐蔽和安全，在发射时通过泄放阀将全部发射气体收回到舱室，防止在海面形成气泡，并同时吸入定量的海水到艇内，补偿发射离艇的武器重量，使潜艇无倾差，其基本结构如图 5-3-1 所示。气动不平衡发射装置的结构原理与控制发射能量紧密相关。

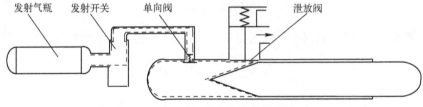

图 5-3-1　气动不平衡发射装置结构原理

气动不平衡发射系统的初始发射能量为储存在发射气瓶内的压缩空气。发射时，压缩空气直接进入发射管建立抛射压力，使管中的武器和部分海水获得一定的动能，而且克服武器与导轨的摩擦力以及武器的正面阻力和静水阻力。此外，为保证隐蔽发射需回收管内的压缩空气，回收到舱内的废气也具有一定

的能量。因此，根据能量平衡方程可求出发射气瓶内的空气储备量 $U_0$ 为

$$U_0 = \left(\frac{mV_1^2}{2} + R_T L_1 + R_X L\right) + (\gamma H + p_a) SL_1 + (\gamma H + p_a) SL_1 \frac{c_V}{R} \quad (5-3-1)$$

式中 $\left(\dfrac{mV_1^2}{2} + R_T L_1 + R_X L\right)$——用以推动管中武器和环形间隙内的部分海水及克服距离为 $L_1$ 上的摩擦力和迎面阻力所消耗的能量；

$(\gamma H + p_a) SL_1$——克服静水阻力所消耗的能量；

$(\gamma H + p_a) SL_1 \dfrac{c_V}{R}$——发射后废气的能量；

$\gamma$——海水的相对密度；

$H$——发射时潜艇所处的深度；

$p_a$——大气压力；

$S$——气密环的横截面面积；

$c_V$——比定容热容；

$R$——气体常数。

根据上述分析，可将能量方程变换为

$$U_\delta = a + bV_1^2 + cH \quad (5-3-2)$$

式中 $a$、$b$、$c$——常数，且

$$a = A(R_T L_1 + R_X L_1 + p_a SL_1) + p_a SL_1 \frac{c_V}{R}$$

$$b = 0.5Am$$

$$c = A\gamma SL_1 + \gamma SL_1 \frac{c_V}{R}$$

若用发射气瓶的容积 $V_0$ 和压力 $p_0$ 表示发射气瓶内空气的内能，则可得

$$p_0 V_0 \frac{c_V}{R} = a + bV_1^2 + cH \quad (5-3-3)$$

或者

$$p_0 = a\frac{R}{c_V V_0} + b\frac{R}{c_V V_0}V_1^2 + c\frac{R}{c_V V_0}H \quad (5-3-4)$$

由上述分析可以看出，发射气瓶内压缩空气的储备量和压力取决于发射武器的出管速度和发射深度。发射深度越大，则发射气瓶储存的发射能量越多。

根据发射深度的变化，在技术上虽可达到使发射气瓶内的初压也随着变

化,但实际上是不适宜的,特别是在发射深度突然改变的情况下。例如,减少发射深度,通常发射气瓶内压缩空气的初压是按发射的最大深度 $H_{\max}$ 计算,即

$$p_{0最大}=\frac{a}{V_0}+\frac{b}{V_0}V_1^2+\frac{c}{V_0}H_{\max} \tag{5-3-5}$$

$$U_{0最大}=a+bV_1^2+cH_{\max} \tag{5-3-6}$$

式(5-3-5)、式(5-3-6)表明,只有在接近潜艇的最大射击深度 $H_{\max}$ 内才能得出所计算的武器出管速度值。当潜艇发射深度较小时,发射气瓶内存储的发射能量较大,则发射时潜艇的隐蔽性就难以保证。

因此,应根据潜艇不同的下潜深度,调整发射过程中所使用的发射能量。发射时调整发射能量,通常主要采用两种方法。

## 一、分段能量控制法

该方法是在一定深度差 $\Delta H$ 范围内,用等量空气来发射武器,如图 5-3-2 所示。在选定的发射深度差 $\Delta H$ 范围内,发射气瓶内的压力值是相同的,从能量方程中可以看出,当发射气瓶压力为常数而发射深度变化时,出管速度是一个变值,只是在主要的发射深度控制点上与计算值相吻合。当在 $\Delta H$ 深度范围内深度变化量减小时,使发射武器出管速度增加,$\Delta H$ 值可根据无泡发射条件下出管速度实际的变化范围选择。

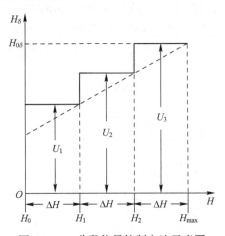

图 5-3-2 分段能量控制方法示意图

当根据这种原理按发射深度来调整发射过程中压缩空气的输出量时,必须应具有能够调整发射气瓶内压力值的敏感元件。因为发射可从水面状态或者是从潜望深度和大于潜望深度内进行,所以必须有 $n-2$ 个敏感元件,其中 $n$ 是深

度差 $\Delta H$ 的数目。发射深度增加,需增加敏感元件的个数,增加了发射装置的复杂程度,其发射系统原理框图如图 5-3-3 所示。该敏感元件感受发射气瓶内的压力,并根据发射气瓶内的压力控制发射开关关闭的时机,达到控制发射能量的目的。

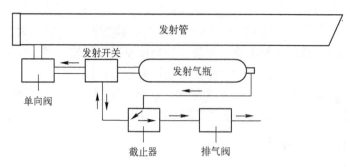

图 5-3-3　发射能量分段控制发射系统原理

## 二、无级调整法

无级调整法是根据发射深度自动进行调整。随着潜艇下潜深度的变化,发射气瓶的截止压力也不断变化。

无级调整法第一个敏感元件用来感受发射气瓶内的压力值,而另一个敏感元件用以感受所在发射深度的压力值,其原理如图 5-3-4 所示。随着潜艇发射深度的不断变化,深度敏感元件感受的作用力不一样,则发射时发射气瓶内截止的压力也不一样,从而基本上保证出管速度值保持在一定范围内变化。

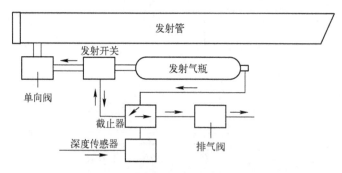

图 5-3-4　发射能量连续自动控制发射系统原理

目前潜艇装备的气动不平衡发射装置,发射能量的控制均采用了该种调整方法。基于该种调整方法的敏感元件为自动截止器,其结构原理如图 5-3-5 所示。

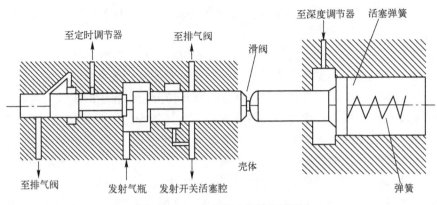

图 5-3-5 自动截止器结构原理

由自动截止器的原理可以看出，自动截止器的状态发生变化，受控于来自发射气瓶内的压缩空气。发射时，当发射气瓶内的压力降低到一定值时，作用在滑阀上的作用力减小，自动截止器改变位置，发射气瓶内的压缩空气重新经自动截止器进入发射开关活塞腔，推发射活塞运动，使发射开关关闭。可以看出，发射过程中发射气瓶内的气压是由自动截止器中的滑阀传感，而与发射深度相当的压力是由自动截止器调节器中的调节活塞传感。两个敏感元件所受的合力与自动截止调节器中的弹簧力基本相等，从而可以控制自动截止器动作。根据发射气瓶内气压力的不断变化，根据不同的发射深度控制进入发射管内做功的发射能量，实现将武器推出发射管。

> **助学资源** 军事职业教育平台/慕课水中兵器发射技术/第五章气动不平衡发射能量控制方法/第一节气动不平衡发射技术数学模型/知识点 5 截止过程分析

## 第四节　雷弹武器气动不平衡发射内弹道模型

气动不平衡发射技术最突出的特点就是发射装置结构简单，发射能量直接注入发射管，发射迅速，齐射时间间隔短；但发射深度有限制。发射过程中产生的废气需要直接排入舱室，随着发射深度的增加，发射废气的压力显著增加，造成舱室升压，影响潜艇艇员健康。气动不平衡发射技术目前仍为部分潜艇发射鱼雷、导弹武器和诱饵发射装置选用的发射技术。发射鱼雷、导弹等攻击武器和发射诱饵等防御武器，使用的气动不平衡发射技术原理相同，但诱饵发射装置结构相对简单。本节首先分析雷弹武器气动不平衡发射系统内弹道方程。

气动不平衡发射其发射能源为存储于气瓶中的高压空气。发射时发射阀打开，高压空气进入发射管，推动管中武器，克服海水静压力出管，发射过程中作用在武器后部的压缩空气的气体状态是计算与分析内弹道的关键。为此把发射开关出口至武器尾部之间的发射管内的工作气体作为"控制体"，即作为研究对象。控制体的边界由发射管壁和武器尾部外壳围成，带有两个开口：一个开口是气流流入经过的发射开关开启面端口；另一个开口是气流流出的泄放阀开启面端口。显然，这样的对象把发射阀和单向阀之间的单向阀腔也包括在内了，如图5-3-1中的虚线部分所示。这样定义的"控制体"与武器在发射管内运动至圆柱部分刚离开发射管前气密环时的压缩空气所处的容积是一致的。

若发射过程假设采用理想、绝热且忽略控制体内空气通过管壁与海水的热交换损失，则可用热力学第一定律描述该控制体内的过程如下："留在发射管内的气体的内能等于：单向阀和发射阀之间原始气体的内能加上通过发射阀注入发射管的热焓之累积值，减去通过泄放阀流出发射管的热焓之累积值，减去气体推进武器所做的功，再减去从水雷和管壁间隙中推出海水所做的功。"

根据以上描述，发射过程的能量平衡方程可表示为

$$U_g = U_{g0} + H_i - H_o - W_T - W_h \tag{5-4-1}$$

式中　$U_g$——控制体内气体的内能；

$U_{g0}$——控制体原有气体的内能（指发射前单向阀与发射阀之间腔中的气体）；

$H_i$——通过发射阀注入发射管的焓；

$H_o$——通过泄放阀流出发射管的焓；

$W_T$——推动武器所做的功；

$W_h$——挤出武器和发射管壁间隙的海水所做的功。

从式（5-4-1）中求出$U_g$，则发射管内气体的压力和温度可由内能公式和卡拉波龙公式求得，即

$$T_g = \frac{U_g}{c_V m_g} \tag{5-4-2}$$

$$p_g = \frac{m_g R T_g}{V_g} \tag{5-4-3}$$

式中　$p_g$——控制体内气体压力；

$T_g$——控制体内气体温度；

$V_g$——控制体内部的瞬时充气容积;
$m_g$——控制体内气体质量;
$R$——空气的气体常数;
$c_V$——空气的比定容热容。

式（5-4-1）至式（5-4-3）是气动不平衡式发射系统内弹道数学模型的基础。只要能解出能量守恒公式右端各项以及 $m_g$ 和 $V_g$ 的值，内弹道问题就迎刃而解了。全部内弹道微分方程的建立就是为了解决这个问题。

为便于计算和编制程序，将式（5-4-1）至式（5-4-3）改写成微分方程，具体形式为

$$\frac{dU_g}{dt} = \frac{dH_i}{dt} - \frac{dH_o}{dt} - \frac{dW_T}{dt} - \frac{dW_h}{dt} \quad (5\text{-}4\text{-}4)$$

$$\frac{dT_g}{dt} = \frac{1}{c_V}\left(\frac{1}{m_g}\frac{dU_g}{dt} - \frac{U_g}{m_g^2}\frac{dm_g}{dt}\right) \quad (5\text{-}4\text{-}5)$$

$$\frac{dp_g}{dt} = (K-1)\left(\frac{1}{V_g}\frac{dU_g}{dt} - \frac{U_g}{V_g^2}\frac{dV_g}{dt}\right) \quad (5\text{-}4\text{-}6)$$

式中　$K$——空气绝热指数。

> **助学资源**　军事职业教育平台/慕课水中兵器发射技术/第五章气动不平衡发射能量控制方法/第一节气动不平衡发射技术数学模型/知识点1 能量平衡方程

## 一、发射气瓶数学模型

求解上述微分方程从建立发射气瓶的模型开始。由热力学系统的能量方程和连续性方程可得发射气瓶的状态变化方程为

$$\frac{dT_s}{dt} = -(K-1)\frac{T_s}{m_s}\frac{dm_i}{dt} \quad (5\text{-}4\text{-}7)$$

$$\frac{dp_s}{dt} = -K\frac{p_s}{m_s}\frac{dm_i}{dt} \quad (5\text{-}4\text{-}8)$$

式中　$p_s$——气瓶中气体瞬时压力;
　　　$T_s$——气瓶中气体瞬时温度;
　　　$m_s$——气瓶中气体瞬时质量。

## 二、发射开关数学模型

发射开关是控制发射气瓶中的压缩空气进入发射管的关键部件。发射开关

打开是发射能量开始变化的开端,是发射气瓶内能变化的原因。随发射气瓶内气体流入控制体而带入控制体的焓,在数值上应等于发射气瓶内气体内能的减少量,即

$$H_i = U_{B0} - U_B = m_{B0} c_V T_{B0} - m_B c_V T_B \tag{5-4-9}$$

式中　$m_{B0}$——发射气瓶内气体的初始质量;

　　　$T_{B0}$——发射气瓶内气体的初温;

　　　$m_B$——某时刻发射气瓶内气体的瞬时质量;

　　　$T_B$——发射气瓶内气体的瞬时温度。

对方程两端求导得出经过发射开关注入发射管的热焓注入率,假设发射过程为绝热膨胀过程,可得热焓注入率表达式为

$$\frac{dH_i}{dt} = -c_V T_B \frac{dm_B}{dt} - c_V m_B \frac{dT_B}{dt} = -c_p T_B \frac{dm_B}{dt} \tag{5-4-10}$$

设通过发射开关流入发射管的气体的质量流量为 $dm_i/dt$,若忽略发射气瓶到发射管之间的泄漏,则有

$$\frac{dm_B}{dt} = -\frac{dm_i}{dt} \tag{5-4-11}$$

而根据第四章液压平衡发射过程发射开关质量流量公式推导结果,可得 $dm_i/dt$ 表达式为

$$\frac{dm_i}{dt} = \varphi_f S_v \rho_i v_{ai} \tag{5-4-12}$$

$$\rho_i = \frac{p_i}{RT_i}$$

式中　$\varphi_f$——流量系数,取 0.6;

　　　$v_{ai}$——流经发射开关的气体流速;

　　　$\rho_i$——流经发射开关的气体密度。

根据高速气体流动方程和绝热过程压降比公式,可得 $v_{ai}$ 和 $\rho_i$ 的表达式为

$$v_{ai} = \begin{cases} \sqrt{\dfrac{2KR}{K-1} T_B \left[1 - \left(\dfrac{p_g}{p_B}\right)^{\frac{K-1}{K}}\right]} & \dfrac{p_g}{p_B} > \left(\dfrac{2}{K+1}\right)^{\frac{K}{K-1}} \\ \sqrt{\dfrac{2KR}{K+1} T_B} & \dfrac{p_g}{p_B} \leqslant \left(\dfrac{2}{K+1}\right)^{\frac{K}{K-1}} \end{cases}$$

$$p_i = \begin{cases} p_g & \dfrac{p_g}{p_B} > \left(\dfrac{2}{K+1}\right)^{\frac{K}{K-1}} \\ p_B\left(\dfrac{2}{K+1}\right)^{\frac{K}{K-1}} & \dfrac{p_g}{p_B} \leq \left(\dfrac{2}{K+1}\right)^{\frac{K}{K-1}} \end{cases}$$

式中　$p_g$——发射管中的气体压力；

$p_B$——发射气瓶中的气体压力；

$T_B$——发射气瓶温度。

$$T_i = T_B\left(\dfrac{p_i}{p_B}\right)^{\frac{K-1}{K}} \tag{5-4-13}$$

通气面积要根据特形孔的形状和发射活塞位移分阶段计算。发射开关特形孔形状如图 5-4-2 所示，通气面积的大小由特形孔形状与发射活塞移动位移决定。在特形孔形状固定的情况下，它是发射活塞移动位移 $x$ 的函数。

气动不平衡发射开关与液压平衡发射开关原理类似，发射开关同样由发射阀和调节缓冲器组成（图 5-4-1）。开关上部为发射阀阀体，用于控制由发射气瓶至发射管的气路。阀体内有发射活塞，活塞上开有特形孔，该特形孔随着发射活塞向下运动而逐步打开，其开启面积决定了压缩空气的流通面积。发射开关下部为调节缓冲器，由缓冲活塞、调节杆及弹簧等组成，调节缓冲器工作前内部注满蒸馏水。缓冲活塞中心开孔，该孔与调节杆之间形成的环形间隙面积可控制发射开关工作时缓冲活塞的运动速度，进而控制发射活塞的运动速度。发射活塞特形孔与缓冲器协同工作即可控制发射过程中压缩空气流通面积的变化规律，从而控制压缩空气注入发射管的规律。与液压平衡发射技术机械式发射开关的主要区别在于发射活塞的运动方向、特形孔的形状和调节杆的形状。

在 $0 < x \leq x_a$ 的阶段，发射开关保持关闭，通气面积 $\sigma_K = 0$。

在 $x_a < x \leq x_b$ 的阶段，发射活塞上四个特形孔部分露在宽为 $a$、深为 $b$ 的环状间隙中，这时压缩空气先通过环形间隙再经由四个特形孔在环形间隙中露出的部分流入发射管，环形间隙面积和特形孔在环形间隙中露出的面积，两者中面积较小的一个限制了压缩空气的流量，也决定了此阶段的通气面积。开始时，特形孔在环状间隙中露出的面积 $\sigma_a$ 较小，此时 $\sigma_K = \sigma_a$，而后特形孔在环状间隙中露出的面积 $\sigma_a$ 逐渐增大，当其大于环状间隙面积 $\sigma_b$ 时，此时，$\sigma_K = \sigma_b$，则

$$\sigma_K = \begin{cases} \sigma_a & \sigma_a \leq \sigma_b \text{ 或 } x_a < x \leq x_b \\ \sigma_b & \sigma_a > \sigma_b \text{ 或 } x_a < x \leq x_b \end{cases} \tag{5-4-14}$$

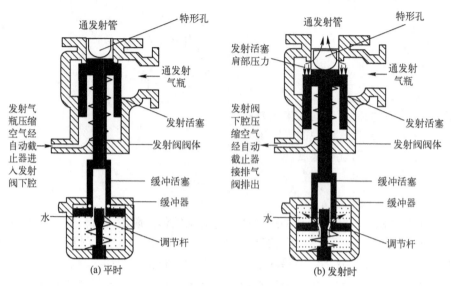

图 5-4-1 发射开关原理

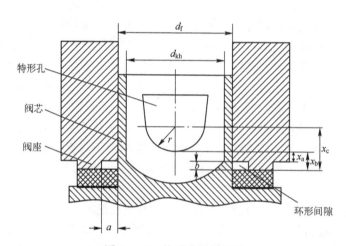

图 5-4-2 特形孔通气面积

在 $x_b < x \leqslant x_c$ 阶段，特形孔从环形间隙下端露出，通气面积为四个外露的特形孔面积 $\sigma_c$ 以及环状间隙面积 $\sigma_b$ 之和，即

$$\sigma_K = \sigma_c + \sigma_b \tag{5-4-15}$$

在 $x_c < x$ 阶段，四个特形孔的直线边沿部分也外露出来，其面积总和设为 $\sigma_d$，这时发射阀开启面积为

$$\sigma_K = \sigma_d + \sigma_b \tag{5-4-16}$$

随着发射活塞的逐渐下移，通气面积随之增大，但压缩空气最终必须通过发射活塞顶端中心通孔才能进入发射管，所以若其特形孔和环形间隙通气面积总和超过发射活塞中心通孔面积时，此时通气面积等于中心通孔面积，这也是发射活塞的最大通气面积。所以，发射开关通气面积如式（5-4-18）所示，即

$$\sigma_K = \sigma_{MAX} = \sigma_{kh} \tag{5-4-17}$$

$$\sigma_K = \begin{cases} 0 & 0<x \leq x_a \\ \sigma_a & x_a<x \leq x_b \text{ 或 } \sigma_a \leq \sigma_b \\ \sigma_b & x_a<x \leq x_b \text{ 或 } \sigma_a > \sigma_b \\ \sigma_c+\sigma_b & x_b<x \leq x_c \\ \sigma_d+\sigma_b & x_c<x \text{ 或 } \sigma_d+\sigma_b < \sigma_{kh} \\ \sigma_{kh} & x_c<x \text{ 或 } \sigma_d+\sigma_b \geq \sigma_{kh} \end{cases} \tag{5-4-18}$$

各阶段特形孔通气面积与特形孔形状相关，如图5-4-3所示，$\sigma_a$表达式为

$$\sigma_a = 4\left[\frac{\pi r^2}{2} - r^2\arcsin\frac{y_1}{r} - y_1\sqrt{r^2-y_1^2}\right] \quad x_a<x \leq x_b \tag{5-4-19}$$

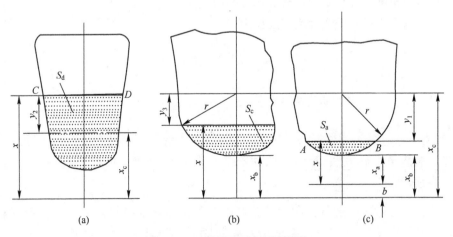

图5-4-3　特形孔通气面积形状

式（5-4-19）表示半圆面积减去左右两侧扇形，减去中间三角形后所得的弓形面积，由于有四个通孔，所以需乘4倍。其中

$$y_1 = x_c - b - x$$

式中　$x_c$——发射阀孔座端面至弧圆心的距离；

　　　$x$——阀座孔端面处观察得到的发射活塞行程。

$\sigma_b$ 表达式为

$$\sigma_b = \begin{cases} 8a\sqrt{r^2-y_1^2} & x_a<x \leqslant x_c-b \\ 8a(r+Ky_2) & x_c-b<x \end{cases} \quad (5-4-20)$$

表示弓形部分和梯形部分处于环形间隙中时的通气面积，其中

$$y_2 = x - x_c$$

式中　$K$——梯形孔部分侧边的斜度。

$\sigma_c$ 表达式为

$$\sigma_c = 4\left[\frac{\pi r^2}{2} - r^2 \arcsin\frac{y_3}{r} - y_3\sqrt{r^2-y_3^2}\right] \quad x_b<x \leqslant x_c \quad (5-4-21)$$

求解面积的方式与 $\sigma_a$ 相同，其中

$$y_3 = x_c - x$$

$\sigma_d$ 表达式为

$$\sigma_d = 2\pi r^2 + 4y_2(2r+Ky_2) \quad x_c<x \quad (5-4-22)$$

表示四个半圆形部分和四个梯形部分的通气面积。

活塞中心通孔的最大通气面积为

$$\sigma_{kh} = \frac{\pi d_{kh}^2}{4} \quad x_c<x \quad (5-4-23)$$

式中　$d_{kh}$——发射活塞中央通孔直径。

**助学资源**　军事职业教育平台/慕课水中兵器发射技术/第五章气动不平衡发射能量控制方法/第一节气动不平衡发射技术数学模型/知识点 2 发射开关数学模型（一）

　　通过发射开关通气面积的计算可以发现，计算结果与发射阀芯的行程有关，要想求得行程必须首先求出发射阀阀芯的下降速度。发射阀打开过程中，其惯性力比作用于其上的力要小得多，可以略去。因此，阀芯的下降速度只取决于缓冲器中的水由活塞的下腔流至上腔的体积流量即活塞单位时间内下降空出的容积与流入其中水的体积相等。发射阀阀芯的行程是有限的，它下降的行程达到极限行程后其移动速度变为零，因此发射阀阀芯下降的速度可表示为

$$\frac{dx}{dt} = \begin{cases} 0 & x \geqslant x_m \\ \dfrac{S_{xh}}{S_{hs}-S_{xk}}\varphi_w\sqrt{\dfrac{2}{\rho_d}p_q} & x < x_m \end{cases} \qquad (5\text{-}4\text{-}24)$$

式中 $\dfrac{dx}{dt}$——发射活塞下降的速度；

$x_m$——发射活塞的极限行程；

$S_{xh}$——缓冲器活塞中间孔和调节杆之间的间隙面积；

$S_{hs}$——缓冲器活塞面积；

$S_{xk}$——缓冲器活塞中间孔面积；

$\varphi_w$——缓冲器活塞和调节杆之间的间隙流量系数；

$\rho_d$——缓冲器内淡水的密度；

$p_q$——缓冲活塞下腔中的压力。

缓冲器活塞和调节杆之间的间隙面积为 $S_{xh}$。$S_{xh}$是随着阀芯运动而变化的，如图 5-4-4 所示。

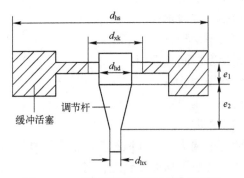

图 5-4-4 缓冲活塞与调节杆位置关系

依其变化特点可分为三个阶段，通过计算可得其面积 $S_{xh}$ 的表达式为

$$S_{xh} = \begin{cases} \dfrac{\pi}{4}(d_{xk}^2-d_{hd}^2) & 0<x\leqslant e_1 \\ \dfrac{\pi}{4}\left\{d_{xk}^2-\left[\dfrac{d_{hd}-d_{hx}}{e_2}(e_2+e_1-x)+d_{hx}\right]^2\right\} & e_1<x\leqslant e_1+e_2 \qquad (5\text{-}4\text{-}25) \\ \dfrac{\pi}{4}(d_{xk}^2-d_{hx}^2) & e_1+e_{21}<x \end{cases}$$

式中 $d_{hd}$——调节杆上端圆柱部分的直径；

$d_{hx}$——调节杆下端圆柱部分的直径；

$d_{xk}$——缓冲器活塞中间孔直径；

$e_1$——发射开关开始工作前，缓冲活塞凹槽至调节杆圆柱端面之间的长度；

$e_2$——调节杆圆锥段的长度，对于给定调节杆，$e_2$为固定值。

三个阶段分别对应中央通孔减去粗圆柱段截面积，圆锥段对应位置截面积和细圆柱端截面积所得的环形间隙面积。

发射开始时发射阀下腔中的空气进入舱室，压力消失，于是作用在发射活塞肩部上的高压空气压力将推动活塞下降。当空气能从特形孔流向单向阀时，在阀的上部又产生了向下的作用力。在这两个空气作用力上扣除上、下两个弹簧的向上推力和阀芯摩擦力后，余下的部分则通过缓冲器活塞作用到腔内的水上，并在腔内产生压力。因此缓冲器活塞下腔中的压力为

$$p_q = \frac{1}{S_{hs}-S_{xk}}[p_p(S_{fx}-S_{fs})-p_d S_{fs}-F_{ty}-C_h x] \quad (5-4-26)$$

式中 $S_{fs}$——发射活塞下端面积；

$S_{fx}$——发射活塞上端面积；

$S_{hs}$——缓冲器活塞面积；

$S_{xk}$——缓冲器活塞中间孔面积；

$p_p$——发射气瓶压力；

$F_{ty}$——弹簧的总预压力；

$C_h$——弹簧的总刚度；

$p_d$——发射活塞下端推力，其值经多次仿真计算认为取临界压力和发射管压力的加权平均值较合理，有

$$p_d = \xi_1 p_g + 0.528 \xi_2 p_p$$

其中，$\xi_1$和$\xi_2$的计算公式为

$$\xi_1 = \frac{S_{fs}-\sigma_K}{2S_{fs}}, \quad \xi_2 = \frac{S_{fs}+\sigma_K}{2S_{fs}}$$

发射开关完全打开后，发射气瓶压缩空气不断进入发射管，气瓶压力下降，当发射气瓶压力下降到截止压力时，发射开关关闭，此时通气面积将变为零。通过上述公式再求得环形间隙面积、缓冲器压力后即可求出发射活塞打开速度，进而再利用通气面积公式得到通气面积，最后使用式（5-4-27）发射开关气体流量模型计算质量流量。这些经发射开关流出的压缩空气将进入发射管膨胀做功推动武器出管，压缩空气在发射管中的能量转化过程需要将管中的

压缩空气作为"控制体"进行分析。

$$\frac{\mathrm{d}m_\mathrm{s}}{\mathrm{d}t}=\varphi_\mathrm{f}S_\mathrm{v}\rho_\mathrm{i}v_\mathrm{ai} \tag{5-4-27}$$

**助学资源** 军事职业教育平台/慕课水中兵器发射技术/第五章气动不平衡发射能量控制方法/第一节气动不平衡发射技术数学模型/知识点3发射开关数学模型(二)

### 三、发管内控制体能量转换数学模型

使用气动不平衡发射技术发射鱼雷等重型武器时,通常使用口径较大的发射管,发射时按照管中武器发射弹道设计要求,按一定的规律将压缩空气从储气瓶中经由发射开关和单向阀输送到发射管中,使其膨胀做功,将发射工质的内能转化为武器的动能,使管内的武器按设计弹道运动出管。发射开关控制供气规律,单向阀防止海水反流进入发射开关,造成腐蚀。同时为保证潜艇的隐蔽性,防止发射时产生过多气泡,泄放阀在武器将要出管时,适时打开回收管内仍具有一定压力的工作高压气。伴随气体回收还要吸入一定量的海水,均衡潜艇重量,保证潜艇武器发射过程中的操纵性。综上所述,气动不平衡武器发射过程涉及环节更多,数学模型也更为复杂。

将从单向阀进入发射管内至武器尾部之间的工作气体作为"控制体",如果要计算控制体内的气体状态,需要首先求出发射过程中的容积变化率。发射开始前,控制体容积 $V_\mathrm{g}$ 为发射阀和单向阀的管道容积 $V_\mathrm{g0}$(即控制体充气容积的初值),这时泄放阀还不是控制体的边界。当发射开关打开后,其间的气体压力升高,当超过单向阀所需的开启压力时,单向阀打开,空气进入发射管。在压力作用下,海水从武器与发射管壁的间隙被挤出,让出一部分空间;管内空气压力推动武器向前运动也让出一部分空间,使发射管内的充气容积不断扩大,当泄放阀打开时,它成了控制体的边界。

海水从环形间隙流出产生的容积增长率等于海水从环形间隙流出的体积流量,表达式为

$$V_\mathrm{hj}=\varphi_\mathrm{wj}S_\mathrm{hj}\sqrt{\frac{2}{\rho_\mathrm{h}}(p_\mathrm{g}-p_\mathrm{H})} \tag{5-4-28}$$

式中 $\varphi_\mathrm{wj}$——海水经过环形间隙的流量系数;

$S_\mathrm{hj}$——发射管与水雷之间的环形间隙横截面面积;

$\rho_\mathrm{h}$——海水密度;

$p_H$——发射管口处的海水压力。

$p_H$ 由潜艇外部海水静压以及潜艇航行时产生的海水动压组成,可通过下式计算,即

$$p_H = 0.0981 \times 10^6 (1+0.1H) + 0.5\rho_h v_{sub}^2 \qquad (5-4-29)$$

式中　$v_{sub}$——潜艇航速;
　　　$H$——潜艇发射深度。

武器在发射管内移动产生的容积增长率 $dV_T = S_T v_T$($S_T$ 为武器圆柱段横截面面积,$v_T$ 为武器在发射管内移动速度),因此控制体内充气容积变化率表达式为

$$\frac{dV_g}{dt} = \begin{cases} 0 & p_g \leqslant p_{K1} \\ \varphi_{wj} S_{hj} \sqrt{\dfrac{2}{\rho_h}(p_g - p_H)} + S_T v_T & p_g > p_{K1} \end{cases} \qquad (5-4-30)$$

式中　$p_{K1}$——单向阀的开启压力。

控制体体积膨胀,产生对武器的推力,同时武器运动受到流体阻力、发射管壁摩擦力以及海水环境压力。根据牛顿第二定律得到表达式为

$$m_T \frac{dv_T}{dt} = S_T p_g - R_T \qquad (5-4-31)$$

式中　$m_T$——武器质量;
　　　$R_T$——武器所受的总阻力,且

$$R_T = R_x + F_m + S_T p_H$$

其中　$F_m$——武器与发射管之间的机械摩擦阻力,$F_m = \mu(m_T g - B_T)$;
　　　$R_x$——水雷流体运动阻力。

流体运动阻力 $R_x$ 可按下式计算,即

$$R_x = \frac{1}{2} C_x \rho_h v_T^2 \Omega_T \qquad (5-4-32)$$

式中　$C_x$——与武器运动流体阻力系数;
　　　$\Omega_T$——武器的沾湿面积。

控制体内高压空气推动武器的功率可按下式计算,即

$$\frac{dW_T}{dt} = S_T p_g v_T \qquad (5-4-33)$$

根据伯努利方程,有海水从环形间隙流出的速度表达式为

$$v_w = \sqrt{\frac{2}{\rho_g}(p_g - p_H)} \qquad (5-4-34)$$

d$t$ 时间内从环形间隙中流出海水的质量为

$$\mathrm{d}m_\mathrm{w} = \varphi_\mathrm{wj} S_\mathrm{hj} \rho_\mathrm{h} v_\mathrm{w} \mathrm{d}t \tag{5-4-35}$$

那么 d$t$ 时间内,挤压海水所做的功应等于 d$m_\mathrm{w}$,这部分质量所获得的动能为

$$\mathrm{d}w_\mathrm{h} = \frac{1}{2}\mathrm{d}m_\mathrm{w} v_\mathrm{w}^2 \tag{5-4-36}$$

将速度和流出海水质量的表达式代入动能表达式后,得到控制体从环形间隙中挤出海水所做的功率表达式为

$$\frac{\mathrm{d}W_\mathrm{h}}{\mathrm{d}t} = \begin{cases} 0 & p_\mathrm{g} \leqslant p_\mathrm{K1} \\ \varphi_\mathrm{wj} S_\mathrm{hj} \sqrt{\dfrac{2}{\rho_\mathrm{h}}} (p_\mathrm{g} - p_\mathrm{H})^{\frac{3}{2}} & p_\mathrm{g} > p_\mathrm{K1} \end{cases} \tag{5-4-37}$$

**助学资源** 军事职业教育平台/慕课水中兵器发射技术/第五章气动不平衡发射能量控制方法/第一节气动不平衡发射技术数学模型/知识点 4 发射管内控制体能量转换过程分析

### 四、泄放过程数学模型

泄放过程就是回收发射管内的压缩空气同时吸入一定量的海水,从而达到无泡无倾差发射的目的。何时开始泄放过程由发射深度和气瓶压力决定,泄放过程不能开始得太早,否则会造成发射压力不足,降低出管速度;也不能开始得太晚,否则会来不及回收管中的压缩空气。启动泄放阀的压缩空气储存在无泡气瓶中,控制泄放过程适时开始和结束的关键部件就是定时调节器。定时调节器确定泄放阀打开的时机和持续打开的时间。某型发射装置定时调节器结构如图 5-4-5 所示。送气部分主要由活塞 1、顶杆 1、活塞 2 和弹簧等部件组成。活塞 1 上端面通过自动截止器接通发射气瓶,活塞 2 上端面接通深度调节器压力,顶杆 1 及其底座上开有通孔使无泡气瓶压力传递到顶杆 1 底端,弹簧通过顶杆 1 将向上的弹性张力施加在活塞 2 下端面中心上。排气部分主要由弹簧、顶杆 2 和活塞 3 组成。弹簧通过顶杆 2 将弹性张力作用在活塞 3 上端面中心,活塞 3 下端面通过斜向内气路通向无泡气瓶。

定时调节器的工作原理:发射过程中,当发射气瓶的压力降低到一定程度时,弹簧和无泡气瓶推动活塞 2 向上的力大于发射气瓶经由活塞 1 施加在活塞 2 上向下的压力,此时活塞 2 向上运动送气气路打开,无泡气瓶中的压缩空气进入泄放阀,使泄放阀打开。无泡气瓶的压缩空气在流入泄放阀的同时,还经由定量气孔流入舱室,无泡气瓶压力逐渐下降,当无泡气瓶的压力下降到一定程度时,

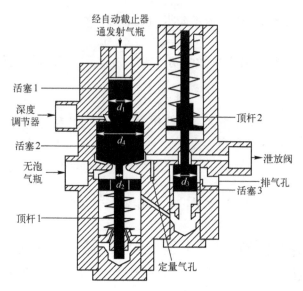

图 5-4-5 定时调节器结构

无泡气瓶经由内气路作用于活塞 3 底部向上的推力小于弹簧作用在活塞 3 顶部向下的压力，活塞 3 向下运动，打开排气通路，无泡气瓶的压缩空气经由排气孔放到舱室，无泡气瓶压力迅速下降，泄放阀在弹簧弹力的作用下关闭。

根据力平衡方程，送气部分动作条件为

$$p_q S_1 + p_H S_4 \geqslant p_{wp} S_2 + F_{t1} + F_{m1} \tag{5-4-38}$$

式中　$S_1 = \pi d_1^2/4$，$d_1$ 为活塞 2 上部受力面积等效直径；

$S_2 = \pi d_2^2/4$，$d_2$ 为活塞 2 下部受力面积等效直径；

$S_4 = \pi d_4^2/4$，$d_4$ 为活塞 2 下部受力面积等效直径；

$F_{t1}$——送气部分弹簧力；

$F_{m1}$——活塞 1、2 运动时所受摩擦力的合力。

若忽略摩擦力，则泄放压力为

$$p_{px} = \frac{p_{wp} S_2 - p_H S_4 + F_{t1}}{S_1} \tag{5-4-39}$$

当达到泄放压力时，活塞 1、2 向上运动，打开无泡气瓶到泄放阀的通路，空气流向如图 5-4-6 中箭头所示，在达到泄放阀的同时，还通过定量气孔流出到舱室，无泡气瓶压力随着空气的流出逐渐降低，由于无泡气瓶的压缩空气还通过斜向通路流到活塞 3 下端面，顶活塞 3 克服弹簧张力向上，当压力降低时，弹簧张力推活塞 3 向下，如图 5-4-7 所示，打开无泡气瓶到排气孔的通路,使无泡气瓶压力迅速降低,泄放阀关闭。

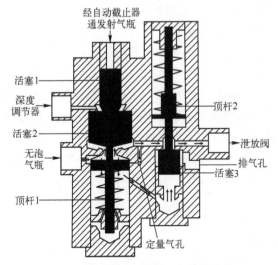

图 5-4-6 定时调节器送气部分动作

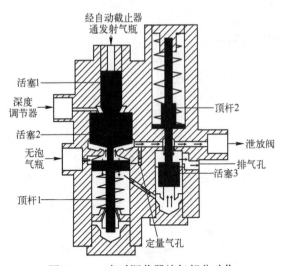

图 5-4-7 定时调节器放气部分动作

放气部分动作条件为

$$p_{wp}\frac{\pi}{4}d_3^2+F_{m2} \leqslant F_{t2} \tag{5-4-40}$$

式中 $p_{wp}$——随时间变化的无泡气瓶内的压力;

$d_3$——放气活塞3受力面积等效直径;

$F_{t2}$——排气部分弹簧力;

$F_{m2}$——活塞 3 运动时所受摩擦力。

放气部分动作时压力 $p_{wpd}$ 求解方程为

$$p_{wpd} = \frac{4(F_{t2}-F_{m2})}{\pi d_3^2} \tag{5-4-41}$$

泄放阀打开后,发射管中的压缩空气经由泄放阀回收到舱室中,泄放阀结构如图 5-4-8 所示。泄放阀的开启由定时调节器控制,但还与发射管内压力有直接关系。由泄放阀结构可知,当发射管中压力降到 $p_{gx}$ 以下时,无泡气瓶作用在泄放阀驱动活塞上的力才能使泄放阀打开。泄放阀开启时管内压强计算公式为

$$p_{gx} = \frac{p_w(f_1-f_2)-F_{xt}-p_a(f_3-f_1-f_2)}{f_3} \tag{5-4-42}$$

式中 $f_1$——泄放阀活塞面积;

$f_2$——阀杆面积;

$f_3$——泄放阀工作面积;

$p_w$——无泡气瓶压强;

$p_a$——舱室常压;

$F_{xt}$——泄放阀弹簧压力。

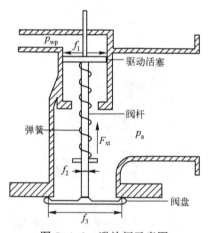

图 5-4-8 泄放阀示意图

在发射过程中,定时调节器使无泡气瓶的压缩空气进入泄放阀的驱动活塞上端面,打开泄放阀。由于无泡气瓶压力和定时调节器弹簧弹力是恒定的,所以定时调节器的工作时机取决于发射深度(即泄放阀工作时机由发射深度决定)。无泡气瓶的气通过定时调节器放出后,泄放阀关闭。

泄放阀的理论开启面积为阀盘的平衡开度与阀盘工作面积周长的乘积,平

衡开度可由弹簧受力后的平衡位置来确定，即

$$y = \frac{p_w(f_1-f_2) - F_{xt} + p_a(f_3-f_1-f_2) - p_g f_3}{C_w} \tag{5-4-43}$$

式中　$C_w$——泄放阀弹簧刚度。

泄放阀的开度是受到结构限制的，打开到一定程度，驱动活塞便与壳体相碰，不能进一步开大，此时开启面积达到最大值 $S_{xm}$，则泄放阀的开启面积为

$$S_{xa} = \begin{cases} \pi D_x y & S_x \leq S_{xm} \\ S & S_x > S_{xm} \end{cases} \tag{5-4-44}$$

式中　$D_x$——泄放阀工作面积直径。

泄放阀打开时，通过泄放阀从发射管排出的热焓及气体流量排出率为

$$\frac{dH_o}{dt} = c_p T_g \frac{dm_o}{dt} \tag{5-4-45}$$

$$\frac{dm_o}{dt} = \varphi_{xa} S_{xa} \rho_0 v_{a0} \tag{5-4-46}$$

式中　$S_{xa}$——泄放阀开启面积；

　　　$\varphi_{xa}$——泄放阀流量系数；

　　　$v_{a0}$——泄放阀开口处气流速度；

　　　$\rho_0$——泄放阀开口处气流的密度。

$v_{a0}$、$\rho_0$ 表达式根据高速气体速度公式和绝热过程气体压降比公式得到，即

$$v_{a0} = \begin{cases} \sqrt{\dfrac{2KR}{K-1}T_B\left[1-\left(\dfrac{p_a}{p_g}\right)^{\frac{K-1}{K}}\right]} & \dfrac{p_a}{p_g} > \left(\dfrac{2}{K+1}\right)^{\frac{K}{K-1}} \\ \sqrt{\dfrac{2KR}{K+1}T_g} & \dfrac{p_a}{p_g} \leq \left(\dfrac{2}{K+1}\right)^{\frac{K}{K-1}} \end{cases}$$

$$\frac{dm_o}{dt} \rho_0 = \frac{p_0}{RT_0}$$

$$\rho_0 = \begin{cases} p_a & \dfrac{p_a}{p_g} > \left(\dfrac{2}{K+1}\right)^{\frac{K}{K-1}} \\ p_g\left(\dfrac{2}{K+1}\right)^{\frac{K}{K-1}} & \dfrac{p_a}{p_g} \leq \left(\dfrac{2}{K+1}\right)^{\frac{K}{K-1}} \end{cases}$$

$$T_0 = T_g \left(\frac{p_0}{p_g}\right)^{\frac{K}{K-1}} \tag{5-4-47}$$

式中 $p_a$——潜艇舱室压力;

$p_0$——泄放阀开口处的气体压力;

$T_0$——泄放阀开口处的气体温度。

**助学资源** 军事职业教育平台/慕课水中兵器发射技术/第五章气动不平衡发射能量控制方法/第一节气动不平衡发射技术数学模型/知识点6泄放过程分析

### 五、管中武器运动方程

作用在武器上的推力 $S_T p_g$ 与阻力总和 $R_T$ 之差是推动武器前进的动力,所以武器的运动可由下式表示,即

$$m_T \frac{dv_T}{dt} = S_T p_g - R_T \quad (5-4-48)$$

式中 $m_T$——武器质量;

$R_T$——武器所受的总阻力,表达式为

$$R_T = R_x + F_m + S_T p_H \quad (5-4-49)$$

式中 $F_m$——武器与发射管之间的机械摩擦阻力,$F_m = \mu(m_T g - B_T)$,$B_T$ 为武器浮力;

$R_x$——武器流体运动阻力,$R_x = \frac{1}{2} C_x \rho_H v_T^2 \Omega_T$,$C_x$ 为武器流体阻力系数,$\Omega_T$ 为武器的沾湿面积;

$p_H$——舷外海水压力;

$S_T$——武器横截面面积。

### 六、仿真设置及流程

#### (一) 仿真参数

发射气瓶最大压力:25MPa。

发射气瓶容积:350L。

发射气瓶内空气质量:101.5kg。

发射气瓶初始温度:303.15K。

发射阀特形孔尺寸:0.0015m、0.0045m、0.022m、0.001m、0.003m、0.0175m。

发射活塞限行程:0.035m。

发射活塞上端直径：0.075m。
发射阀气体流量系数：0.7。
发射阀弹簧总刚度：6034.2N·m。
缓冲器活塞直径：0.120m。
缓冲器活塞中间小孔直径：0.015m。
缓冲器弹簧张力：933.9N。
调节杆下端圆柱部分直径：0.012m。
调节杆圆锥段长度：0.006m、0.026m。
调节杆上端圆柱部分直径：0.0148m。
泄放阀工作面积：0.0196m$^2$。
泄放阀活塞面积：0.002826m$^2$。
泄放阀导向杆面积：0.000314m$^2$。
定时调节器活塞1直径：0.032m。
定时调节器顶杆2直径：0.004m。
定时调节器活塞2直径：0.046m。
定时调节器活塞3直径：0.006m。
定时调节器送气部分弹簧张力：9555N。
定时调节器排气部分弹簧张力：440N。
定时调节器排气部分活塞摩擦力：100N。
泄放阀最大开启面积：0.007m$^2$。
泄放阀弹簧张力：294N。
泄放阀弹簧刚度：9425 N·m。
单向阀受海水压力面积：134.7cm$^2$。
单向阀受空气压力面积：118.8cm$^2$。
单向阀弹簧预应力：330N。
空气理想气体常数：1.4、287。
空气比定容热容：717。
管内武器质量：1120kg。
管内武器阻力系数：0.00258。
管内武器湿表面积：11.24m$^2$。
武器与发射管导轨摩擦系数：0.3。
内弹道长度：6.0m。
海水密度：1040kg/m$^3$。

海水流量系数 $\varphi_w$：0.6。
无泡气瓶压力：25MPa。

**（二）仿真流程**

根据以上数学模型用四阶龙格-库塔方法求解内弹道数学模型，结合发射装置相应的技术参数可对内弹道进行仿真，其仿真流程如图5-4-9所示。

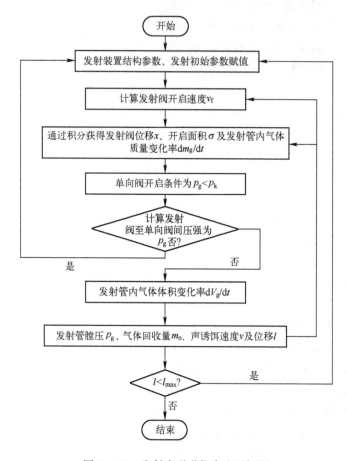

图 5-4-9　发射内弹道仿真流程框图

**助学资源** 军事职业教育平台/慕课水中兵器发射技术/第五章气动不平衡发射能量控制方法/第二节气动不平衡发射能量控制方法/知识点1气动不平衡发射建模及求解思路

### （三）内弹道仿真结果

在发射气瓶初始压力为 25MPa 和发射艇速为 3kn 的条件下，根据深度设定范围及发射装置发射性能，发射深度分别选取 20m、50m、100m、150m、200m、240m 时的膛压和武器运动速度，仿真曲线如图 5-4-10 和图 5-4-11 所示。

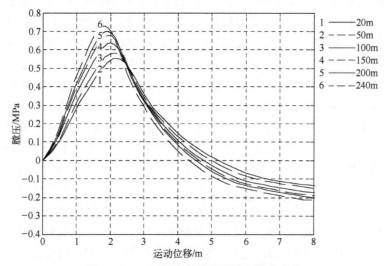

图 5-4-10　不同发射深度下膛压变化曲线

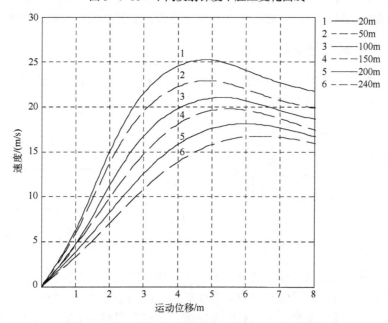

图 5-4-11　不同发射深度下出管速度变化曲线

## 第五节　潜艇防御武器发射内弹道模型

目前，世界各国发展起来的潜艇防御武器种类繁多，归纳起来可以分为两大类，即软杀伤武器和硬杀伤武器。软杀伤武器采用诱骗、干扰鱼雷自导系统的方式使鱼雷丢失目标，如声诱饵和声干扰器；硬杀伤武器的最终目的就是拦截来袭鱼雷，摧毁或使其失去自动导引攻击能力或在鱼雷附近爆炸，使鱼雷中易损的电子部件受到强烈冲击震动而失效，如反鱼雷鱼雷和反鱼雷水雷。现代鱼雷的智能化程度较高，抗欺骗、抗干扰能力强，在这种情况下，单纯依靠诱饵、假目标等相对被动的软杀伤武器对防御来袭鱼雷的效果将会逐渐降低，依靠软杀伤手段已不能适应未来潜艇对抗鱼雷攻击、有效保持自身生命力的要求。为此，各海军强国研究开发的反鱼雷防御系统中均考虑采用硬杀伤手段对抗来袭鱼雷的攻击，硬杀伤武器的研制已成为潜艇对抗鱼雷攻击的有效手段，也是未来发展的重点方向。为提升装备通用性，新型硬杀伤武器依然使用潜艇声诱饵武器发射装置发射，该发射装置大多采用气动不平衡发射技术，并对截止装置和泄放装置进行简化或删减，以缩短反应时间，提升发射速度。当使用此类发射装置发射重量更大、布放定位要求更高的新型硬杀伤防御武器时，必须从发射装置兼容性和发射能量控制的角度，验证使用声诱饵发射装置发射新型防御武器的可行性，为此需建立潜艇防御武器发射过程的内弹道数学模型。

### 一、发射原理分析

潜艇防御武器发射系统原理如图 5-5-1 所示，其本质是气动不平衡发射装置。

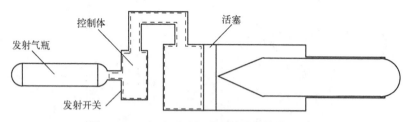

图 5-5-1　气动不平衡式发射系统结构示意图

发射时，发射气瓶储存的发射工质——压缩空气，通过发射阀按一定规律经气道进入后管，在后管和发射活塞组成的后腔内膨胀做功，推动发射活塞做高速运动，压缩由发射活塞、后管和防御武器尾部组成的前腔的海水，其产生的机械能转换为压力海水的动能,推动对抗器材出管。

由于防御武器在管内运动过程中,需要克服作用在对抗器材前端的静水压力,也就是潜艇发射深度越深,所需要的发射能量越大,故称为不平衡发射。又因发射工质压缩空气不进入发射管前管,发射武器时不会有气泡冒出,从而保持了潜艇的发射隐蔽性。

## 二、防御武器发射系统内弹道模型

把发射阀出口至活塞后部之间的发射管内的工作气体作为"控制体",控制体的边界由发射管壁和活塞围成,包括发射开关和管路之间的空腔,气流经过发射开关流入(图5-5-1)。

发射过程的能量平衡方程可表示为

$$U_g = U_{g0} + H_i - H_o - W_T - W_h \tag{5-5-1}$$

微分形式为

$$\frac{dU_g}{dt} = \frac{dH_i}{dt} - \frac{dH_o}{dt} - \frac{dW_T}{dt} - \frac{dW_h}{dt} \tag{5-5-2}$$

式中 $U_g$——控制体内气体的内能;

$U_{g0}$——控制体原有气体的内能(指发射管内气体);

$H_i$——通过发射开关注入发射管的焓;

$H_o$——流出发射管的焓;

$W_T$——推动水雷所做的功;

$W_h$——挤出水雷和发射管壁的间隙海水所做的功。

发射管内气体的温度和压力可由以下两式求得,即

$$T_g = \frac{U_g}{c_V m_g} \tag{5-5-3}$$

$$p_g = \frac{m_g R T_g}{V_g} \tag{5-5-4}$$

式中 $p_g$——控制体内气体压力;

$T_g$——控制体内气体温度;

$V_g$——控制体内部的瞬时充气容积;

$m_g$——控制体内气体质量;

$R$——空气的气体常数;

$c_V$——空气的比定容热容。

由式(5-5-2)可得

$$\frac{dT_g}{dt} = \frac{1}{c_V}\left(\frac{1}{m_g}\frac{dU_g}{dt} - \frac{U_g}{m_g^2}\frac{dm_g}{dt}\right) \tag{5-5-5}$$

$$\frac{dp_g}{dt} = (K-1)\left(\frac{1}{V_g}\frac{dU_g}{dt} - \frac{U_g}{V_g^2}\frac{dV_g}{dt}\right) \tag{5-5-6}$$

式中 $K$——空气绝热指数。

**1. 通过发射阀的热焓注入率**

随发射气瓶内气体流入控制体而带入控制体的焓，在数值上应等于发射气瓶内气体之内能的减少量，即

$$H_i = U_{B0} - U_B = m_{B0}c_V T_{B0} - m_B c_V T_B \tag{5-5-7}$$

$$\frac{dH_i}{dt} = -c_V T_B \frac{dm_B}{dt} - c_V m_B \frac{dT_B}{dt} = c_V T_B \varphi_f S_V \rho_i v_{ai} \tag{5-5-8}$$

式中 $m_{B0}$——发射气瓶内气体的初始质量；
$T_{B0}$——发射气瓶内气体的初温；
$m_B$——某时刻发射气瓶内气体的瞬时质量；
$T_B$——发射气瓶内气体的瞬时温度；
$\varphi_f$——发射开关的空气流量系数；
$S_V$——发射阀开启的流通面积；
$\rho_i$——发射开关特形孔处气流的密度；
$v_{ai}$——气流通过发射开关的流速。

参数具体求解过程与传统气动不平衡发射系统相同。

**2. 热焓排出率**

由于活塞的作用，发射过程中没有气体排出，不会造成暴露，同时也没有热焓排出，所以

$$\frac{dH_o}{dt} = 0 \tag{5-5-9}$$

**3. 控制体内的空气质量变化率**

若忽略发射过程空气的泄漏，根据质量守恒可知控制体内空气质量变化率为

$$\frac{dm_g}{dt} = -\frac{dm_B}{dt} \tag{5-5-10}$$

**4. 发射气瓶中空气的气体状态方程**

由于发射过程非常短暂，可认为发射气瓶内空气的膨胀为绝热过程，有

$$\frac{dp_B}{dt} = K \frac{p_B}{m_B} \frac{dm_B}{dt} \tag{5-5-11}$$

$$\frac{dT_B}{dt}=(K-1)\frac{T_B}{m_B}\frac{dm_B}{dt} \qquad (5\text{-}5\text{-}12)$$

式中 $p_B$——发射瓶内空气比容；

$T_B$——发射气瓶内气体温度；

$m_B$——发射水雷时发射气瓶内瞬时空气质量。

**5. 控制体内压强变化率**

当发射开关打开时，空气进入发射管。在压力作用下，推动活塞和防御武器一起向前运动，同时海水从武器与发射管壁的间隙被挤出，让出一部分空间，使发射管内的充气容积不断扩大，这个过程与气缸内压力变化过程类似，所以控制体内压强变化率参考气缸压强公式，即

$$\frac{dp_q}{dt}=K\frac{RT_q}{V_q}\frac{dm_g}{dt}-K\frac{p_q}{V_q}\frac{dV_q}{dt}=K\frac{RT_q}{V_q}\frac{dm_g}{dt}-KS_q\frac{p_q}{V_q}\frac{dx_h}{dt} \qquad (5\text{-}5\text{-}13)$$

式中 $p_q$——控制体压力；

$V_q$——控制体体积，$V_q=V_{q0}+S_q x_h$，$\frac{dV_q}{dt}=S_q\frac{dx_h}{dt}$，其中 $V_{q0}$ 为发射管初始容积，$S_q$ 为活塞面积，$x_h$ 为活塞位移。

**6. 活塞和武器系统运动方程**

根据牛顿运动定律，有

$$M\frac{d^2 x_h}{dt^2}=p_q S_q-p_g S_q-p_{Hw}S_T-F_R-R_x \qquad (5\text{-}5\text{-}14)$$

式中 $M$——活塞质量和声抗器材质量之和；

$S_T$——声抗器材横截面积；

$p_{Hw}$——发射管前端海水压力；

$p_g$——活塞外侧发射管内海水压强；

$F_R$——武器与发射管之间的机械摩擦阻力；

$R_x$——武器流体运动阻力。

**7. 活塞外侧发射管内压力变化率**

根据弹性模量公式可得

$$\frac{dp_g}{dt}=\left(-q_{g0}-S_q\frac{dx_h}{dt}\right)\frac{E}{V_{g0}-S_q x_h} \qquad (5\text{-}5\text{-}15)$$

式中 $q_{g0}$——通过环形间隙流出的海水体积，$q_{g0}=\varphi_{wi}S_h\sqrt{\frac{1}{\rho_h}(p_g-p_{Hw})}$，其中 $\varphi_{wi}$ 为环形间隙流量系数，$S_h$ 为环形间隙面积。

设发射管环形间隙中的流体压强为 $p_x$，海水从后段管环形间隙流入前段管环形间隙，最终流出发射管，根据伯努利方程和连续方程得到以下所示方程，即

$$\begin{cases} S_{hx1}\sqrt{\dfrac{2}{\rho_h}(p_g-p_x)}=S_{hx2}\sqrt{\dfrac{2}{\rho_h}(p_x-p_{Hw})} \\ p_x=\dfrac{S_{hx1}p_g+S_{hx2}p_{Hw}}{S_{hx1}^2+S_{hx2}^2} \end{cases} \qquad (5-5-16)$$

式中  $S_{hx1}$——后段管环形间隙面积；

$S_{hx2}$——前段管环形间隙面积。

则从发射管环形间隙流出的海水流量为

$$q_{g0}=\varphi_{wi}S_{hx2}\sqrt{\dfrac{2}{\rho_h}(p_x-p_{Hw})} \qquad (5-5-17)$$

式中  $\varphi_{wi}$——环形间隙流量系数；

$S_{hx2}$——前段管环形间隙面积。

根据连续性方程，可得

$$S_T x_h+q_{g0}t=S_q x_h \qquad (5-5-18)$$

两边求导可得

$$q_{g0}=(S_q-S_T)\dfrac{\mathrm{d}x_h}{\mathrm{d}t} \qquad (5-5-19)$$

代入 $q_{g0}$ 表达式可得

$$q_{g0}=(S_q-S_T)\dfrac{\mathrm{d}x_h}{\mathrm{d}t}$$

$$\varphi_{wi}S_{hx2}\sqrt{\dfrac{2}{\rho_h}(p_x-p_{Hw})}=(S_q-S_T)\dfrac{\mathrm{d}x_h}{\mathrm{d}t}$$

$$\dfrac{\mathrm{d}x_h}{\mathrm{d}t}=\dfrac{\varphi_{wi}S_{hx2}}{(S_q-S_T)}\sqrt{\dfrac{2}{\rho_h}(p_x-p_{Hw})} \qquad (5-5-20)$$

在对气动不平衡发射装置进行动力学分析的基础上应用控制体分析方法，视工作气体为控制体。通过该模型可以对诱饵发射装置发射武器的安全性进行仿真分析。

助学资源  军事职业教育平台/慕课水中兵器发射技术/第五章气动不平衡发射能量控制方法/第二节气动不平衡发射能量控制方法/知识点 2 声抗武器发射模型及求解过程

## 小 结

本章聚焦气动不平衡发射技术，围绕潜艇新型防御武器发射可行性分析问题，以控制体为研究对象，分析典型气动不平衡发射技术内弹道模型，并在此基础上建立防御武器发射内弹道模型，为新型武器发射可行性分析奠定数学基础，提供技术工具。

## 思考与练习

### 记 忆

1. 试描述气动不平衡式发射过程。
2. 气动不平衡发射开关主要由哪些部分组成？其作用是什么？试描述动作原理。
3. 气动不平衡发射无泡装置主要由哪些部分组成？其作用是什么？试描述动作原理。
4. 气动不平衡发射自动截止器的作用是什么？

### 理 解

试描述气动不平衡发射内弹道建模的主要思路。

### 分 析

使用发散思维分析影响潜艇发射新型防御武器可行性的因素。

### 评 估

结合发射安全性分析方法，评估发射新型防御武器的可行性。

### 创 造

从发射技术和潜艇战术的角度设计新型防御武器的使用方案。回顾方案不断修正、完善的过程，感悟"成事必先立志"，总结正确的成败观。

# 第六章 水中兵器发射技术展望

**本章导读**：发射装置是潜艇存储及发射武器的主要通道之一，其功能发挥是否正常直接决定着潜艇的安全性，在相当程度上影响着潜艇的作战能力。发射装置需要与潜艇相匹配，对它的研究依托于对发射技术的不断研究。发射武器时，希望发射噪声小、控制精度高、系统操作维护简单方便及可靠性高。同时，艇员也希望发射装置能直观显示所发射武器的运动轨迹参数及发射过程，并具有优良的可视化界面。故对新型发射动力源、发射过程监控、控制性能提高、系统简化与提高设备安全性及快速发射功能等的研究，都是未来研究的主要方向。作为潜艇雷弹相关专业的从业者或研究者，及时掌握发射技术发展的前沿，拓展视野，放眼世界，为使用科学思维解决发射技术相关问题奠定重要的理论基础。

本章以在研的新型发射技术和未来水下发射技术的研究方向为重点内容，并对未来发展的趋势进行了大胆预测。

## 第一节 在研发射技术

### 一、基于潜艇发射装置 UUV 布放与回收技术

无人水下航行器（unmanned undersea vehicle，UUV）作为一种海上力量倍增器，有着广泛而重要的军事用途，在未来海战中有不可替代的作用。对于军事任务而言，无人水下平台的支撑作用更具隐蔽性。潜艇是发射和回收 UUV 的理想水下平台，潜艇回收不易受外界环境影响，可以保证回收时的隐蔽性。

基于潜艇鱼雷发射装置的 UUV 布放与回收技术，将面临现役发射管管体针对 UUV 的适装性改造；对未来发射管，针对 UUV 布放与回收设计，在未来大口径发射管设计时一并全盘考虑，其中涉及的关键技术主要有 UUV 在管内的位置保持装置、现有发射管水密环位置与 UUV 长度的适应性改进、程控发射程序弹道的重新设计、UUV 的安全离艇速度阈值研究、UUV 的发射控制流程设计等。艇载 UUV 的回收技术涉及的关键技术有基于伸缩式机械臂系统的

回收技术和中程导引对正技术。回收过程为：将潜艇的一具上层发射管用于安装伸缩式机械臂，待 UUV 完成任务在指定地点与母艇汇合等待进行回收时，可将上层发射管内的机械臂伸出，随后机械臂对 UUV 实施捕获和机械夹持，一旦夹持成功，则可驱动机械臂将 UUV 推进下层鱼雷发射管，随后启动关前盖、疏水过程，待疏水过程结束后，即可开启后盖，将 UUV 拖入潜艇舱内并固定在雷架上。突破该关键技术，在研究过程中需要着重研究解决以下问题，如基于发射管伸缩的一体化机械臂系统的结构设计、控制系统设计、捕获机构设计以及机械臂系统动作过程与艇总体关系研究等。结构如图 6-1-1 所示。

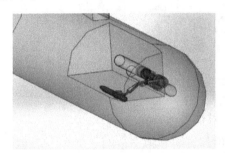 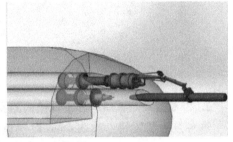

图 6-1-1　UUV 机械臂回收过程

## 二、潜载舷间、舷外等外置式发射技术

潜载外置式发射技术的提出，旨在为艇总体或艇艏提供更多可用空间用以安装声呐矩阵，潜艇外置式发射技术是将发射管布置在潜艇耐压壳体和非耐压导流壳体之间的空间内，武器或器材采用码头预先装填方式完成装艇，在潜艇出航后，可以在艇内对装在发射管内的武器或器材实施参数设定、状态监测等管理工作以及发射指令下达、发射过程控制等工作。发射管可以根据所发射武器或器材的具体要求不同，采取水平或倾斜的布置方式，发射的武器和器材可包括近程反舰或防空武器、水声对抗器材以及反应快、航速高的近距离反潜鱼雷、反鱼雷鱼雷（ATT）、水下武器防御系统、无人水下航行器（UUV）和自主式水下航行器（AUV）等。目前已经开展研究工作的有以下两种。

**1. 转轮式外置雷弹发射技术**

转轮式外置雷弹发射技术属于舷间舷外发射技术，该技术将潜艇艇体直线段部分的结构做特殊处理后，将若干具 533mm 口径的雷弹发射管布置在一个可以绕艇体轴线转动的转轮上，通过艇内装置驱动转轮，选择准备发射的发射管，通过艇内设备提供的发射能源进行相应管内预装填武器的发射，发射孔口位于艇体的两个侧面，武器装填孔口位于艇体上部。该发射技术可满足潜艇实施快速性打击目标的要求。布置如图 6-1-2 所示。

图 6-1-2　转轮式外置发射技术三维图

### 2. 警戒艇外置式 324mm 口径武器发射技术

这种发射装置将一枚 324mm 口径鱼雷与一套发射系统及发射动力源集成为一个模块，集储、运、发射于一体，每个封装后的模块可直接安装于潜艇上，并通过机、电接口实现与潜艇的功能对接。在发射具有自航能力的武器时，除启动武器自带动力产生推力外，再通过多级伸缩缸在其尾部产生一个集中作用的推力，武器在双重推力的作用下，以既定的初始速度安全自航离艇，助推器产生的载荷满足武器要求，发射噪声低。应急抛射时，确保武器能安全抛射离艇。带助推的自航发射可大大降低潜艇发射武器产生时的辐射噪声，实现隐蔽攻击，提高潜艇的隐身性能，基本不产生舱室噪声，可改善艇员的工作环境，如图 6-1-3 和图 6-1-4 所示。

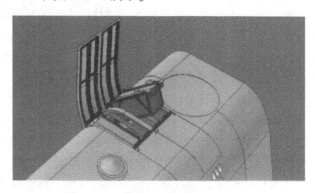

图 6-1-3　模块化发射箱装艇示意图

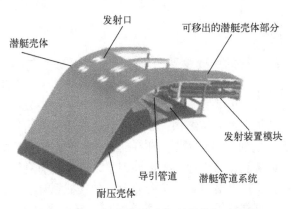

图 6-1-4　外置式模块化发射箱装艇示意图

**助学资源**　军事职业教育平台/慕课水中兵器发射技术/第一章水中兵器发射技术基础知识/第一节水中兵器发射技术基础知识/知识点7新型水下发射技术

## 第二节　未来发展趋势

### 一、发展需求

各国海军对于潜艇的下潜深度及其安静性的持续追求，迫切需要水中兵器装备技术在隐蔽性攻击、作战深度等方面有所突破。对于潜艇的主要攻击性武器使用平台——发射系统而言，大深度、低噪声、高效率连续发射一直是装备研发追求的目标。同时，随着潜艇武器的多样化以及潜艇执行任务的多样化发展，对于发射系统的"一专多能""一管多用"的要求也日益显现。未来潜艇水中兵器发射系统可能发射的武器有小型导弹、体积更小的鱼雷以及反应快、航速高的近距离反潜鱼雷、利用外部传感器进行目标定位的远程反潜武器、近程反舰或防空武器、海军战术导弹系统和导弹防御系统、水下武器防御系统、无人水下航行器和自主水下航行器等。由此可见，未来潜艇装备的水下发射系统应具备以下技术特征。

（1）能够在较大的潜深范围内，对敌实施高效率、连续性的隐蔽攻击。

（2）具有高可靠性和自动化程度、占用艇艏空间少且全寿命周期费用低。

（3）潜艇的整套发射装置所有发射管都具有某一常规口径的鱼雷和导弹的发射能力，而其中的个别发射管具备异口径武器发射、异口径器材的布放和回收、器材任务重构指令上载、器材侦搜情报数据下载及补给等功能。

## 二、发展趋势

水中兵器发射系统的主要发展趋势：增大发射深度范围，实现大深度发射；实施快速连续发射，提高打击力；降低发射噪声，实现隐蔽攻击；提高发射的可靠性、安全性；可兼容发射多种类型的武器；提高发射系统的自动化程度和三化五性；简化发射系统结构，尽可能减小舱内空间占用。

（1）提高水下发射系统的快速反应能力。这是潜艇水下快速反应的基本军事需求之一，是潜艇保持生存的决定性因素。它不但有利于提高潜艇的水下攻击能力，更有利于提高潜艇水下防御能力。现代战场环境下，潜艇水下战机稍纵即逝，快速、可靠地组织武器发射是提高潜艇水下攻击能力的重要保证。潜艇发现目标后，发射系统必须迅速将武器安全发射出管。发射过程涉及环节越多，准备时间越长，系统反应越慢，潜艇水下攻击能力越弱。潜艇水下快速攻击包括快速组织发射通道并快速实施发射，因此必须提高发射装置的自动化水平、减少发射系统对艇员操作水平的依赖。

（2）提高水下发射系统的适应性。发射系统适应性是指采用同一发射系统，实现对不同类别武器在不同深度上的适时、精确发射。目前，潜艇使用的武器种类包括鱼雷、水雷、导弹和声抗器材等，未来还包括 UUV 和反鱼雷鱼雷等。但鉴于艇上空间所限，不可能分别设置不同的发射系统。因此，发射系统的适应性就显得越来越重要。

（3）降低潜艇鱼雷发射噪声。潜艇发射武器时产生的发射噪声一直是潜艇噪声控制的关键环节，受到设计和使用人员的重点关注，降低发射噪声是保持潜艇安静性的重要指标。发射武器时，如果发射噪声过大，则武器还没出管或刚出管，就可能被敌方声呐探测到，从而严重影响潜艇安全及武器运用效果。降噪技术研究主要包括两方面内容：一是发射噪声源的产生及原因；二是具体的降噪措施。降噪技术研究中的核心问题之一就是发射动力源问题。探索包括电磁能、高压油及高压水发射等新型发射动力源是解决空气噪声的有效途径，可以预计，未来这三种发射动力源将成为新型发射动力源研究的趋势。另外，降噪技术研究及工程实现也是未来发射系统必须重点解决的问题。

（4）创新潜艇武器发射控制技术。发射能量控制是发射技术中的关键问题和核心技术。控制发射能量注入规律，满足武器在不同发射深度上的内弹道和初始弹道要求，是实现安全、准确发射的基本保证。创新武器发射核心技术，提高发射系统整体效能，也是提高武器发射装置整体研究能力的关键技术。从当前情况看，发射能量控制采用程控发射阀已成为各国发射控制技术发展的主要趋势。程控发射阀可以实现根据武器类型选择弹道控制程序，实现了发射能量的精确控制。随着未来智能型潜艇的不断发展,传感器技术、网络技术及自动控制技术的不断发展,艇上人员战位将不断减少,创新武器发射控制技术,提高发射控制系统的适应性、自动化水平,实现发射能量的精确控制。

(5) 采用模块化设计方法。随着潜艇使命在深度和广度上不断扩大,发展潜艇携带、发射和回收各种有效载荷能力的重要性也与日俱增,催生了各式的潜艇水下发射技术。而且发射系统的布置方式发生改变,为潜艇的总体布局设计提供了较大的设计自由度。根据未来系统结构,需要着重考虑采用模块化设计方法,以便于在海军舰艇的使用期内能对现有作战系统进行升级改进或安装新的系统,并大幅度降低舰艇的建造周期和造价。有关技术包括导弹的封装和发射技术、导弹指挥和制导技术及降低声特征技术。

随着各国对反潜作战的重视,潜艇隐蔽行动的难度越来越大。对于发射系统的性能要求也与日俱增。先进的技术是提高发射系统性能的基础。从以上分析可以看出,水下发射的关键技术包括发射能量的精确控制技术、发射噪声控制技术、提高发射系统可靠性技术等。这些关键技术必须从打牢基础做起,需要下大力气加强潜艇发射系统基础技术研究。

## 小 结

本章以在研发射技术为基础,以未来发展趋势为指引,分析水中兵器发射技术的发展前景,拓展读者的技术视野,开拓研究思路。

## 思考与练习

**记忆**

描述潜艇布放和回收无人水下航行器的方法。

**理解**

归纳总结水中兵器发射技术的发展趋势。

**分析**

分析主要强国发射技术的研究趋势。

### 评 估

搜集世界各国潜艇布放和回收无人水下航行器的方法，结合潜艇的特点，尝试评估方法的实施效果，找出可能存在的问题。

### 创 造

使用前瞻思维预测水中兵器发射技术未来的发展趋势，结合科技强军的理念，推测发射技术发展对未来水下战场的影响。

# 附录 A  本书所需基础理论

为研究武器发射过程中的运动，需要详细分析武器发射过程中的动力来源和动力形式，进而确定动力大小，通过分析武器在水下运动过程中所受的各种流体动力和阻力，并利用非惯性系中的动力学方程最终确定武器发射过程中的运动姿态。理论研究的过程主要是发射能量计算—武器受力分析—建立动力学模型—得到运动姿态。动力学模型建立需要掌握一定的流体力学基础理论和数理基础。

## 一、伯努利积分推导及应用

伯努利积分是流体力学中的重要公式，它反映了流体速度与压力之间的数值关系，其推导过程较为复杂，为方便理解，本书从欧拉法出发，先介绍欧拉法质点导数表示法，接着推导欧拉运动微分方程，在此基础上，最终推导伯努利积分方程。

### （一）描述流体运动的两种方法

描述流体的运动有两种方法，即拉格朗日法和欧拉法。拉格朗日法着眼于流体质点，它的基本思想是：跟踪每个流体质点的运动全过程，记录它们在运动过程中的各物理量及其变化。拉格朗日法是离散质点运动描述方法在流体力学中的延续。

欧拉法着眼于空间点，又称空间点法，它的基本思想是：考察空间每一点的物理量及其变化。

流体质点和空间点是两个完全不同的概念，它们既有区别又有联系。流体质点是大量分子构成的流体团，而空间点是没有尺度的几何点。所谓空间一点的物理量就是指占据该空间点的流体质点的物理量。所谓空间点上的物理量对时间的变化率就是占据该空间点的流体质点的物理量对时间的变化率。

### （二）欧拉法质点导数

对于欧拉法而言，给出的是物理量在空间的分布，对于一个确定的空间点，在不同时刻被不同的流体质点所占据，故不能简单地将质点导数理解为物理量对时间的偏导数，欧拉法中质点导数的推导如下。

如图 A-1 所示，设时间 $t$ 位于空间点 $M(x,y,z)$ 上流体质点的速度为 $v=ui+vj+wk$，具有物理量 $B(x,y,z,t)$，经 $\Delta t$ 时间，该质点经一段距离 $v\Delta t$，运动到

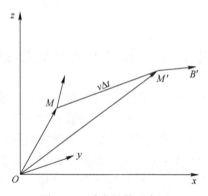

图 A-1　质点导数示意图

$M'(x+u\Delta t, y+v\Delta t, z+w\Delta t)$ 点，物理量成为 $B(x+u\Delta t, y+v\Delta t, z+w\Delta t, t+\Delta t)$。根据质点导数的定义，物理量 $B$ 的质点导数为

$$\frac{DB}{Dt} = \lim_{\Delta t \to 0} \frac{B(x+u\Delta t, y+v\Delta t, z+w\Delta t, t+\Delta t) - B(x,y,z,t)}{\Delta t} \tag{A-1}$$

利用泰勒级数展开，有

$$B(x+u\Delta t, y+v\Delta t, z+w\Delta t, t+\Delta t) = B(x,y,z) + \frac{\partial B}{\partial t}\Delta t + \frac{\partial B}{\partial x}u\Delta t + \frac{\partial B}{\partial y}v\Delta t + \frac{\partial B}{\partial z}w\Delta t + O(\Delta t^2) \tag{A-2}$$

将式（A-2）代入式（A-1）右端，并略去高阶项，得

$$\frac{DB}{Dt} = \frac{\partial B}{\partial t} + u\frac{\partial B}{\partial x} + v\frac{\partial B}{\partial y} + w\frac{\partial B}{\partial z} \tag{A-3}$$

式（A-3）可表示为

$$\frac{DB}{Dt} = \frac{\partial B}{\partial t} + (v \cdot \nabla)B \tag{A-4}$$

这就是欧拉法表示的物理量 $B$ 的质点导数，$\frac{D}{Dt}$ 称为质点导数算子，即

$$\frac{D}{Dt} = \frac{\partial}{\partial t} + v \cdot \nabla \tag{A-5}$$

$\frac{\partial B}{\partial t}$ 称为局部导数，表示固定空间点，由于时间的变化而引起物理量的变化，反映了流场的不定常性。$(v \cdot \nabla)B$ 称为迁移导数或对流导数，表示在同一时刻，由于空间位置的变化而引起物理量的变化，它反映了流场的不均匀性。

**（三）欧拉运动微分方程**

如图 A-2 所示，在流体中取微团体积为 $V$，边界面积为 $S$，$n$ 为 $S$ 的单位

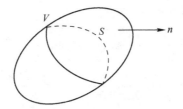

图 A-2 流体微团示意图

外法向。该系统受到的质量力和压力合力分别为

$$\iiint_V \rho f \mathrm{d}V, \quad -\oiint_s pn \mathrm{d}s$$

在重力场中，$f=g$ 重力加速度。根据牛顿第二运动定律，可得

$$\iiint_V \rho \frac{Dv}{Dt} \mathrm{d}V = \iiint_V \rho f \mathrm{d}V - \oiint_s pn \mathrm{d}s \tag{A-6}$$

根据高斯公式，可得

$$\oiint_s pn \mathrm{d}s = \iiint_V \nabla \rho f \mathrm{d}V \tag{A-7}$$

式（A-6）可化为

$$\iiint_V \left( \rho \frac{Dv}{Dt} - \rho f + \nabla \rho \right) \mathrm{d}V = 0$$

$$\frac{Dv}{Dt} = f - \frac{1}{\rho} \nabla p \tag{A-8}$$

式（A-8）就是理想流体的运动微分方程，利用质点导数算子，式（A-8）可化为

$$\frac{\partial v}{\partial t} + (v \cdot \nabla)v = f - \frac{1}{\rho} \nabla p \tag{A-9}$$

**（四）伯努利积分推导**

伯努利积分主要用来表述压力和速度之间的关系，在同一流线上根据压力变化求解流体的速度。伯努利积分是我们在潜艇武器发射动力学分析中求解气体或海水流动速度的常用方法。欧拉运动微分方程在直角坐标系中的表示式为

$$\begin{cases} \dfrac{\partial u}{\partial t} + u \dfrac{\partial u}{\partial x} + v \dfrac{\partial u}{\partial y} + w \dfrac{\partial u}{\partial z} = f_x - \dfrac{1}{\rho} \dfrac{\partial p}{\partial x} \\ \dfrac{\partial v}{\partial t} + u \dfrac{\partial v}{\partial x} + v \dfrac{\partial v}{\partial y} + w \dfrac{\partial v}{\partial z} = f_y - \dfrac{1}{\rho} \dfrac{\partial p}{\partial y} \\ \dfrac{\partial w}{\partial t} + u \dfrac{\partial w}{\partial x} + v \dfrac{\partial w}{\partial y} + w \dfrac{\partial w}{\partial z} = f_z - \dfrac{1}{\rho} \dfrac{\partial p}{\partial z} \end{cases} \tag{A-10}$$

式（A-10）经增减项变化，可得

$$\begin{cases} \dfrac{\partial u}{\partial t}+u\dfrac{\partial u}{\partial x}+v\dfrac{\partial v}{\partial x}+w\dfrac{\partial w}{\partial x}+v\left(\dfrac{\partial u}{\partial y}-\dfrac{\partial v}{\partial x}\right)+w\left(\dfrac{\partial u}{\partial z}-\dfrac{\partial w}{\partial x}\right)=f_x-\dfrac{1}{\rho}\dfrac{\partial p}{\partial x} \\ \dfrac{\partial v}{\partial t}+u\dfrac{\partial u}{\partial y}+v\dfrac{\partial v}{\partial y}+w\dfrac{\partial w}{\partial y}+u\left(\dfrac{\partial v}{\partial x}-\dfrac{\partial u}{\partial y}\right)+w\left(\dfrac{\partial v}{\partial z}-\dfrac{\partial w}{\partial y}\right)=f_y-\dfrac{1}{\rho}\dfrac{\partial p}{\partial y} \\ \dfrac{\partial w}{\partial t}+u\dfrac{\partial u}{\partial z}+v\dfrac{\partial v}{\partial z}+w\dfrac{\partial w}{\partial z}+u\left(\dfrac{\partial w}{\partial x}-\dfrac{\partial u}{\partial z}\right)+v\left(\dfrac{\partial w}{\partial y}-\dfrac{\partial v}{\partial z}\right)=f_x-\dfrac{1}{\rho}\dfrac{\partial p}{\partial z} \end{cases} \quad (A-11)$$

由图 A-3 可知，对流体微团而言，因 $A$ 点与 $M_0$ 点在 $y$ 方向的速度分量不同，使 $\overline{M_0A}$ 绕过 $M_0$ 平行于 $z$ 轴的转动轴旋转，转动角速度为

$$\frac{\mathrm{d}\theta_1}{\mathrm{d}t}=\frac{\partial v}{\partial x} \quad (A-12)$$

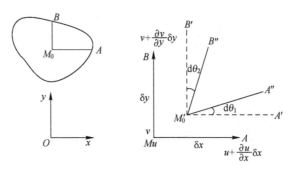

图 A-3　流体微团转动角速度示意图

$B$ 点与 $M_0$ 点在 $x$ 方向的速度分量不同，使 $\overline{M_0B}$ 绕过 $M_0$ 平行于 $z$ 轴的转动轴旋转，转动角速度为

$$\frac{\mathrm{d}\theta_2}{\mathrm{d}t}=-\frac{\partial u}{\partial y} \quad (A-13)$$

则 $Oxy$ 平面上互为垂直流体线 $\overline{M_0A}$ 和 $\overline{M_0B}$ 绕过 $M_0$ 点且平行于 $z$ 轴的平均旋转角速度为

$$\omega_z=\frac{1}{2}\left(\frac{\partial v}{\partial x}-\frac{\partial u}{\partial y}\right) \quad (A-14)$$

同理，可得 $Oyz$ 和 $Ozx$ 平面互为垂直流体线的平均旋转角速度为

$$\omega_x=\frac{1}{2}\left(\frac{\partial w}{\partial y}-\frac{\partial v}{\partial z}\right) \quad (A-15)$$

$$\omega_y=\frac{1}{2}\left(\frac{\partial u}{\partial z}-\frac{\partial w}{\partial x}\right) \quad (A-16)$$

若流体为不可压缩无旋流，则 $\omega_x=\omega_y=\omega_z=0$，所以式（A-11）可化为

$$\begin{cases}\dfrac{\partial u}{\partial t}+u\dfrac{\partial u}{\partial x}+v\dfrac{\partial v}{\partial x}+w\dfrac{\partial w}{\partial x}=f_x-\dfrac{1}{\rho}\dfrac{\partial p}{\partial x}\\[6pt]\dfrac{\partial v}{\partial t}+u\dfrac{\partial u}{\partial y}+v\dfrac{\partial v}{\partial y}+w\dfrac{\partial w}{\partial y}=f_y-\dfrac{1}{\rho}\dfrac{\partial p}{\partial y}\\[6pt]\dfrac{\partial w}{\partial t}+u\dfrac{\partial u}{\partial z}+v\dfrac{\partial v}{\partial z}+w\dfrac{\partial w}{\partial z}=f_z-\dfrac{1}{\rho}\dfrac{\partial p}{\partial z}\end{cases}$$

$$\begin{cases}\dfrac{\partial u}{\partial t}+\dfrac{\partial(V^2/2)}{\partial x}=f_x-\dfrac{1}{\rho}\dfrac{\partial p}{\partial x}\\[6pt]\dfrac{\partial v}{\partial t}+\dfrac{\partial(V^2/2)}{\partial y}=f_y-\dfrac{1}{\rho}\dfrac{\partial p}{\partial y}\\[6pt]\dfrac{\partial w}{\partial t}+\dfrac{\partial(V^2/2)}{\partial z}=f_z-\dfrac{1}{\rho}\dfrac{\partial p}{\partial z}\end{cases} \quad (A-17)$$

伯努利积分矢量形式可表示为

$$\dfrac{\partial \boldsymbol{V}}{\partial t}+\nabla\left(\dfrac{V^2}{2}\right)=\boldsymbol{f}-\dfrac{\nabla \boldsymbol{p}}{\rho} \quad (A-18)$$

$$\dfrac{V^2}{2}+\dfrac{p}{\rho}+gz=\text{const}$$

对于重力场中不可压缩理想流体定常流动，在不考虑重力变化的前提下，流体从静止开始流动，沿流线积分可根据伯努利积分方程得到速度和压力关系为

$$\dfrac{p_1}{\rho}=\dfrac{p_2}{\rho}+\dfrac{V^2}{2}$$

$$V=\sqrt{\dfrac{2}{\rho}(p_1-p_2)} \quad (A-19)$$

## 二、气体喷射理论

气体从控制阀或喷管高速流出，求解其流速和流量通常使用气体喷射的相关理论。在求解发射开关、泄放阀、空气涡轮泵喷嘴等关键部件的气体流动速度或流量时，通常会使用气体喷射技术的相关理论。为推导流速和流量公式，本节从理想绝热过程推导压力和密度的变化关系，并推导质量方程和能量方程，联立质量方程和能量方程，代入压力和密度的关系式，得到变截面管流速、面积和压强的关系式，并最终得到拉瓦尔喷管的流速和流量公式。

### （一）理想绝热过程压降比推导

发射过程采用理想绝热假设，由绝热方程可知系统吸热等于内能变化与外

力做功之和,即

$$dQ = dE + dW \quad (A-20)$$

绝热过程,系统吸热为零,即 $Q=0$,内能变化为

$$dE = nC_w dT \quad (A-21)$$

外力做功为

$$dW = pdV \quad (A-22)$$

则根据式(A-21)、式(A-22)可得

$$nC_w dT = -pdV \quad (A-23)$$

根据理想气体状态方程,即

$$pV = nRT \quad (A-24)$$

式(A-23)可化为

$$nC_w dT = -\frac{nRT}{V} dV \quad (A-25)$$

因为

$$C_w = \frac{R}{K-1}$$

式中 $R$——空气的气体常数,取 $R = 287.139 \mathrm{J/K}$;
$K$——空气的绝热指数,取 $K = 1.4$。

所以

$$\frac{1}{K-1} \frac{dT}{T} = -\frac{dV}{V} \quad (A-26)$$

式(A-26)两边求积分,得

$$\ln T - \ln V^{1-K} = C$$

$$\frac{T}{V^{1-K}} = C \quad (A-27)$$

由式(A-27)可得任意时刻与初始时刻温度之比为

$$\frac{T_t}{T_0} = \left(\frac{V_0}{V_t}\right)^{K-1} \quad (A-28)$$

代入理想气体状态方程 $PV = nRT$,得到压强与密度变化的关系为

$$\frac{P_0}{P_t} = \left(\frac{V_t}{V_0}\right)^K = \left(\frac{\frac{V_t}{m}}{\frac{V_0}{m}}\right)^K = \left(\frac{\rho_0}{\rho_t}\right)^K \quad (A-29)$$

### (二) 质量守恒

取可压缩流体恒定流动的一个波束，取两个断面 $A_1$、$A_2$。两个平面上的平均流速分别为 $v_1$、$v_2$，密度分别为 $\rho_1$、$\rho_2$。对于恒定流动，流动在两个平面的流体质量应相等，即

$$\rho_1 v_1 A_1 = \rho_2 v_2 A_2 \tag{A-30}$$

一般情况下，$\rho v A$ 为常数。

对式（A-30）取对数，可得

$$\ln\rho + \ln v + \ln A = \text{const} \tag{A-31}$$

然后再对式（A-31）微分，可得

$$\frac{\mathrm{d}\rho}{\rho} + \frac{\mathrm{d}v}{v} + \frac{\mathrm{d}A}{A} = 0 \tag{A-32}$$

式（A-32）为可压缩流体的一元恒定流动连续性方程的微分表达式。

### (三) 能量方程

当不考虑重力变化时，伯努利积分可表达为

$$\frac{p}{\rho} + \frac{v^2}{2} = \text{const} \tag{A-33}$$

微分得

$$\frac{\mathrm{d}p}{\rho} + v\mathrm{d}v = 0 \tag{A-34}$$

根据理想绝热过程压降比推导结果式（A-29）可得

$$\frac{p}{\rho^K} = \text{const}$$

$$\rho = \frac{p^{1/K}}{\text{const}}$$

则有

$$\frac{\mathrm{d}p}{\rho} = \text{const}\, p^{-1/K}\mathrm{d}p = \mathrm{d}\left(\frac{K}{K-1}\text{const}\, p^{(K-1)/K}\right) = \mathrm{d}\left(\frac{K}{K-1}\frac{\text{const}}{p^{\frac{1}{K}}}p\right) = \mathrm{d}\left(\frac{K}{K-1}\frac{p}{\rho}\right) \tag{A-35}$$

代入式（A-34），得

$$\mathrm{d}\left(\frac{K}{K-1}\frac{p}{\rho}\right) + v\mathrm{d}v = 0 \tag{A-36}$$

积分得

$$\frac{K}{K-1}\frac{p}{\rho}+\frac{v^2}{2}=\text{const} \tag{A-37}$$

式（A-37）即为可压缩理想流体作一元恒定、绝热流动的能量守恒方程，也称为可压缩流体的伯努利方程。

因为

$$\frac{K}{K-1}\frac{p}{\rho}=\frac{1}{K-1}\frac{p}{\rho}+\frac{p}{\rho}$$

代入式（A-37）得

$$\frac{p}{\rho}+\frac{v^2}{2}+\frac{1}{K-1}\frac{p}{\rho}=\text{const} \tag{A-38}$$

$$\frac{p}{\rho}+\frac{v^2}{2}+\frac{RT}{K-1}=\text{const} \tag{A-39}$$

### （四）变截面管流

气体在截面积随管轴变化管道中的流动叫作变截面管流。气体在进气道和涡轮喷管内的流动，都属于变截面管流。为了研究管道截面积对气体流动的影响，首先必须找出气流速度与管道截面积的关系。

理想气体做一元恒定绝热流动时，连续性方程即式（A-32）所示，也就是

$$\frac{\mathrm{d}\rho}{\rho}+\frac{\mathrm{d}v}{v}+\frac{\mathrm{d}A}{A}=0 \tag{A-40}$$

由式（A-34）可得

$$\frac{\mathrm{d}p}{\rho}+v\mathrm{d}v=0 \tag{A-41}$$

得到

$$\rho=-\frac{\mathrm{d}p}{v\mathrm{d}v} \tag{A-42}$$

将式（A-42）代入连续性方程式（A-40），可得

$$-\frac{\mathrm{d}\rho}{\mathrm{d}p}v\mathrm{d}v+\frac{\mathrm{d}v}{v}+\frac{\mathrm{d}A}{A}=0 \tag{A-43}$$

$$\frac{\mathrm{d}\rho}{\mathrm{d}p}=\frac{1}{v^2}+\frac{\mathrm{d}A}{A}\frac{1}{v\mathrm{d}v} \tag{A-44}$$

根据理想绝热过程压降比推导结果式（A-29），可得

$$\frac{p}{\rho^K}=\text{const}$$

两边取对数，得

$$\frac{\mathrm{d}p}{p} = K\frac{\mathrm{d}\rho}{\rho} \qquad (\text{A-45})$$

再求微分，可得

$$\frac{\mathrm{d}p}{\mathrm{d}\rho} = K\frac{p}{\rho} = KRT \qquad (\text{A-46})$$

声速传播表达式为

$$c = \sqrt{KRT} \qquad (\text{A-47})$$

代入式（A-46）可得

$$\frac{\mathrm{d}p}{\mathrm{d}\rho} = c^2 \qquad (\text{A-48})$$

将式（A-48）代入式（A-44）可得

$$\frac{1}{c^2} = \frac{1}{v^2} + \frac{\mathrm{d}A}{A}\frac{1}{v\mathrm{d}v}$$

$$\frac{v^2}{c^2} = 1 + \frac{\mathrm{d}A}{A}\frac{1}{v\mathrm{d}v}$$

$$\frac{\mathrm{d}A}{A} = (Ma^2 - 1)\frac{\mathrm{d}v}{v} \qquad (\text{A-50})$$

式中 $Ma$——马赫数。

根据式（A-41），即

$$\frac{\mathrm{d}p}{\rho} + v\mathrm{d}v = 0$$

$$\frac{\mathrm{d}p}{\rho\mathrm{d}\rho} = -\frac{v\mathrm{d}v}{\mathrm{d}\rho}$$

$$\frac{\mathrm{d}\rho\mathrm{d}p}{\rho\mathrm{d}\rho} = -v\mathrm{d}v \qquad (\text{A-51})$$

将式（A-48），即

$$\frac{\mathrm{d}p}{\mathrm{d}\rho} = c^2$$

代入式（A-51），可得

$$\frac{\mathrm{d}\rho}{\rho} = -\frac{v}{c^2}\mathrm{d}v = -\frac{v}{c^2}\frac{\mathrm{d}v}{v} = -Ma^2\frac{\mathrm{d}v}{v} \qquad (\text{A-52})$$

根据式（A-46）可得

$$\frac{\mathrm{d}p}{p} = K\frac{\mathrm{d}\rho}{\rho} \qquad (\text{A-53})$$

将式（A-52）代入式（A-53），可得

$$\frac{\mathrm{d}p}{p} = -KMa^2 \frac{\mathrm{d}v}{v}$$

$$\frac{\mathrm{d}v}{v} = -KMa^2 \frac{\mathrm{d}p}{p} \quad (\text{A-54})$$

将式（A-54）代入式（A-50），可得

$$\frac{\mathrm{d}A}{A} = \frac{1-Ma^2}{KMa^2} \frac{\mathrm{d}p}{p} \quad (\text{A-55})$$

式（A-55）为推导得到流速变化率、压强变化率和喷管截面变化率的关系表达式。当 $Ma<1$ 时做亚声速流动，当 $Ma>1$ 时做超声速流动。从公式可知，要使气流加速，可以通过改变管道截面积来实现，而拉瓦尔喷管正是通过先收缩后扩张的方式设计为缩放喷管，以保证喉部即最小截面处流速达到声速。

**（五）喷管流速和质量流量方程**

拉瓦尔喷管收缩段长度较短，流速很高，视为绝热过程。不计管路流动过程中的能量损失，由于气源的气体速度较小，按滞止状态来处理，气流从某一状态绝能等熵地滞止到速度为零的状态称为滞止状态，滞止状态下的气流参数称为滞止参数，气源容器与喉管处的气体设喷管内气流速度为 $u$，气源初始压力为 $p_0$，密度为 $\rho_0$，初始速度为零，由式（A-37）可得

$$\frac{K}{K-1} \frac{p_0}{\rho_0} = \frac{K}{K-1} \frac{p}{\rho} + \frac{u^2}{2} \quad (\text{A-56})$$

$$u = \sqrt{\frac{2K}{K-1} \frac{p_0}{\rho_0} \left(1 - \frac{p}{p_0} \frac{\rho_0}{\rho}\right)} \quad (\text{A-57})$$

因为

$$\frac{p_0}{p} = \left(\frac{\rho_0}{\rho}\right)^K$$

所以

$$u = \sqrt{\frac{2K}{K-1} \frac{p_0}{\rho_0} \left[1 - \left(\frac{p}{p_0}\right)^{\frac{K-1}{K}}\right]} \quad (\text{A-58})$$

质量流量表达式为

$$q_\mathrm{m} = \rho u A \quad (\text{A-59})$$

将式（A-58）代入流量表达式（A-59）得

$$q_m = \rho_0 A \sqrt{\frac{2K}{K-1} \frac{p_0}{\rho_0} \left[ \left(\frac{p}{p_0}\right)^{\frac{2}{K}} - \left(\frac{p}{p_0}\right)^{\frac{K+1}{K}} \right]} \quad (A-60)$$

当气体的初始滞止参数给定后,质量流量取决于喉管处压强的变化。当压强在 $0<p<p_0$ 范围内时,流量的变化从零达到最大值,即 $\mathrm{d}q/\mathrm{d}p=0$,可得喉管处压强和流速为

$$p = p_0 \left(\frac{2}{K+1}\right)^{\frac{K}{K-1}}$$

$$u = \sqrt{\frac{2K}{K+1} \frac{p_0}{\rho_0}} \quad (A-61)$$

### (六) 速度系数

一维等熵流的假设与气流在喷管中的流动是非常近似的,引入一个换算速度称为速度系数,它是流速与临界速度之比,即

$$\lambda = \frac{c}{a_{kp}} \quad (A-62)$$

$\lambda$ 作为一个无量纲量,在气体动力学中起着重要作用。当滞止温度不变时,尤其是在固体火箭发动机里的气体定常流动过程中滞止温度是不变的情况下,$\lambda$ 对计算气流速度特别方便。用 $\lambda$ 计算气体管流中的气体动力学问题是很适合的。

## 三、激波基本理论

当超声速气流流过一个钝头物体时,用光学方法可以观察到在钝头物体的前面有一条狭窄的弧形区域,在此区域的两边,气体的密度发生很大变化,如图 A-4 所示,这条狭窄的弧形区域称为激波或冲波。

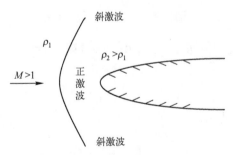

图 A-4 超声速气流流过钝头物体时产生的脱体激波

超声速气流经过激波后，速度锐减，密度、压力和温度激增。由于激波的厚度很小，只有 $10^{-6}$mm 左右，所以，在气体动力学中常把它视为一个突跃的压缩面。也就是说，把它看作一个厚度为零的突跃面，气流经过这个突跃面后，其速度、密度、压力、温度等将发生突然变化。至于激波内部的结构和变化规律，一般气体动力学中也不进行详细讨论。

超声速气流流过一个尖头物体，当尖头前缘夹角不太大时，也会产生激波，这种激波将与物体的尖头相交，称为附体激波。与之相对应，图 A-4 所示的激波称为脱体激波。

激波面与气流速度方向垂直的激波或激波的一部分，称为正激波，如图 A-4 中钝头物体正前方的激波。激波面与气流速度方向不垂直的激波或激波的一部分，称为斜激波。

## 四、数理基础

### （一）坐标系转换

#### 1. 二维坐标变换矩阵

设旧坐标系 $ox_1y_1$ 转过 $\alpha$ 角变为新坐标系 $ox_2y_2$，如图 A-5 所示。

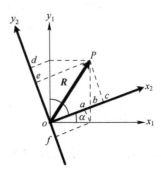

图 A-5 二维坐标系转换图

从图 A-5 可以看出，$R$ 在 $ox_1y_1$ 中的矢量列阵为

$$\boldsymbol{R}_1 = \begin{bmatrix} x_1 \\ y_1 \end{bmatrix} \quad\quad (\text{A-63})$$

在 $ox_2y_2$ 中的列阵为

$$\boldsymbol{R}_2 = \begin{bmatrix} x_2 \\ y_2 \end{bmatrix} \quad\quad (\text{A-64})$$

新坐标 $x_2$ 等于 $x_1$ 在轴 $x_2$ 上的投影（$oa$）加上 $y_1$（$Px_1$）在轴 $x_2$ 上的投影

$(ab+ac)$ 即

$$x_2 = oa+ab+bc$$
$$= x_1\cos\alpha + y_1\sin\alpha$$
$$= x_1\cos\alpha + y_1\cos\left(\frac{\pi}{2}-\alpha\right) \qquad (A-65)$$

用同样的方法可得到

$$y_2 = od-de = od-of$$
$$= y_1\cos\alpha - x_1\sin\alpha$$
$$= y_1\cos\alpha + x_1\cos\left(\frac{\pi}{2}+\alpha\right) \qquad (A-66)$$

则

$$\begin{bmatrix} x_2 \\ y_2 \end{bmatrix} = \begin{bmatrix} \cos\alpha & \sin\alpha \\ -\sin\alpha & \cos\alpha \end{bmatrix} \begin{bmatrix} x_1 \\ y_1 \end{bmatrix} \qquad (A-67)$$

设

$$\boldsymbol{C}_2^1 = \begin{bmatrix} \cos\alpha & \sin\alpha \\ -\sin\alpha & \cos\alpha \end{bmatrix} \qquad (A-68)$$

该矩阵称为二维坐标变换矩阵，且为正交矩阵，即 $\boldsymbol{C}_2^1 = (\boldsymbol{C}_1^2)^{\text{T}}$，则

$$\begin{bmatrix} x_1 \\ y_1 \end{bmatrix} = \begin{bmatrix} \cos\alpha & -\sin\alpha \\ \sin\alpha & \cos\alpha \end{bmatrix} \begin{bmatrix} x_2 \\ y_2 \end{bmatrix} \qquad (A-69)$$

**2. 三维坐标变换矩阵**

（1）绕 $oy_1$ 轴转过 $\psi$ 角，$ox_1z_1$ 和 $ox_1'z_1'$ 仍处于同一平面上旋转，这种情形与平面上二维旋转变换一样，$ox_1z_1$ 变为 $ox_1'z_1'$，$y_1'$ 与 $y_1$ 重合（图 A-6）。则坐标有以下关系，即

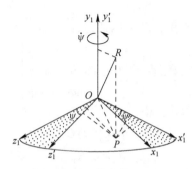

图 A-6 三维变换（一）

$$\begin{cases} x_1' = x_1\cos\psi + y_1 \cdot 0 - z_1\sin\psi \\ y_1' = x_1 \cdot 0 + y_1 \cdot 1 - z_1 \cdot 0 \\ z_1' = x_1\sin\psi + y_1 \cdot 0 + z_1\cos\psi \end{cases} \quad (\text{A-70})$$

矩阵式为

$$\begin{bmatrix} x_1' \\ y_1' \\ z_1' \end{bmatrix} = \begin{bmatrix} \cos\psi & 0 & -\sin\psi \\ 0 & 1 & 0 \\ \sin\psi & 0 & \cos\psi \end{bmatrix} \begin{bmatrix} x_1 \\ y_1 \\ z_1 \end{bmatrix} \quad (\text{A-71})$$

$$\boldsymbol{C}_y(\psi) = \begin{bmatrix} \cos\psi & 0 & -\sin\psi \\ 0 & 1 & 0 \\ \sin\psi & 0 & \cos\psi \end{bmatrix} \quad (\text{A-72})$$

(2) 绕 $oz_1'$ 轴转过 $\theta$ 角，新坐标系 $ox_1''y_1''z_1''$ 如图 A-7 所示。

$$\boldsymbol{C}_z(\theta) = \begin{bmatrix} \cos\theta & \sin\theta & 0 \\ -\sin\theta & \cos\theta & 0 \\ 0 & 0 & 1 \end{bmatrix} \quad (\text{A-73})$$

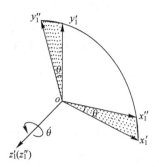

图 A-7 三维变换（二）

(3) 绕 $ox_1''$ 轴转过 $\phi$ 角，新坐标系 $ox_2y_2z_2$ 如图 A-8 所示。

$$\boldsymbol{C}_x(\phi) = \begin{bmatrix} 1 & 0 & 0 \\ 0 & \cos\phi & \sin\phi \\ 0 & -\sin\phi & \cos\phi \end{bmatrix} \quad (\text{A-74})$$

综合上述绕三轴的运动，得

$$\boldsymbol{R}_2 = \boldsymbol{C}_x(\phi)\boldsymbol{C}_z(\theta)\boldsymbol{C}_y(\psi)\boldsymbol{R}_1$$
$$\boldsymbol{R}_2 = \boldsymbol{C}_2^1 \boldsymbol{R}_1$$
$$\boldsymbol{C}_2^1 = \boldsymbol{C}_x(\phi)\boldsymbol{C}_z(\theta)\boldsymbol{C}_y(\psi) \quad (\text{A-75})$$

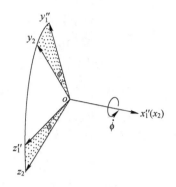

图 A-8　三维变换（三）

$$C_2^1 = \begin{bmatrix} c\theta c\psi & s\theta & -c\theta s\psi \\ s\phi s\psi - c\phi s\theta c\psi & c\phi c\theta & s\phi c\psi + c\phi s\theta s\psi \\ s\phi s\psi + s\phi s\theta c\psi & -s\psi c\theta & c\phi c\psi - s\phi s\theta s\psi \end{bmatrix} \quad (A-76)$$

任何坐标相对另一坐标系的方位可由三个角度来决定，它按照三轴的一定次序旋转而成，求这两个坐标系之间的转换矩阵，可由三个初等矩阵组合而成，乘序与转序相反。坐标系也可绕某一坐标轴或两轴旋转或绕某一坐标轴旋转两次转换而成。

### （二）哥氏法则

哥氏法则是非惯性坐标系和惯性坐标系矢量转换的基本法则，是进行武器六自由度空间运动建模过程中的常用法则。

如图 A-9 所示，根据坐标系转换定理，有

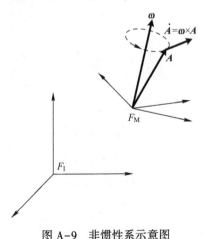

图 A-9　非惯性系示意图

$$A_M = C_M^I A_I \tag{A-77}$$

$$A_I = C_I^M A_M \tag{A-78}$$

对式（A-77）和式（A-78）分别求导，可得

$$\dot{A}_M = C_M^I \dot{A}_I + \dot{C}_M^I A_I \tag{A-79}$$

$$\dot{A}_I = C_I^M \dot{A}_M + \dot{C}_I^M A_M \tag{A-80}$$

在坐标系 $F_M$ 中观察时，$A_M$ 随 $F_M$ 一起转动，大小不变，故看不到 $A_M$ 随时间的变化，即

$$\dot{A}_M = 0$$

故式（A-80）可化为

$$\dot{A}_I = \dot{C}_I^M A_M \tag{A-81}$$

而

$$\dot{A}_I = \boldsymbol{\omega}_I \times A_I = \widetilde{\boldsymbol{\omega}}_I A_I \tag{A-82}$$

$$\boldsymbol{\omega}_I = \begin{bmatrix} 0 & -r_I & q_I \\ r_I & 0 & -p_I \\ -q_I & p_I & 0 \end{bmatrix}$$

故式（A-81）可化为

$$\dot{C}_I^M A_M = \widetilde{\boldsymbol{\omega}}_I A_I \tag{A-83}$$

将式（A-78）代入式（A-83），可得

$$\dot{C}_I^M A_M = \widetilde{\boldsymbol{\omega}}_I C_I^M A_M \tag{A-84}$$

$$\dot{C}_I^M = \widetilde{\boldsymbol{\omega}}_I C_I^M \tag{A-85}$$

同理

$$\dot{C}_M^I = \widetilde{\boldsymbol{\omega}}_M C_M^I \tag{A-86}$$

则式（A-79）可化为

$$\dot{A}_M = C_M^I \dot{A}_I + \dot{C}_M^I A_I$$

$$\dot{A}_M = C_M^I \dot{A}_I - \widetilde{\boldsymbol{\omega}}_M C_M^I A_I \tag{A-87}$$

$$\dot{A}_M = C_M^I \dot{A}_I - \widetilde{\boldsymbol{\omega}}_M A_M \tag{A-88}$$

$$C_M^I \dot{A}_I = \dot{A}_M + \widetilde{\boldsymbol{\omega}}_M A_M \tag{A-89}$$

$$\dot{A}_I = C_I^M (\dot{A}_M + \widetilde{\boldsymbol{\omega}}_M A_M) \tag{A-90}$$

### （三）角动量定理

角动量定理是建立空间运动动量矩方程的基础，是研究刚体转动的基本

定理。如图 A-10 所示，在坐标系 $F_I$ 中考虑系统上微元 d$m$ 所受的力和力矩为

$$d\boldsymbol{f} = \dot{\boldsymbol{v}}dm \tag{A-91}$$

$$d\boldsymbol{M} = \boldsymbol{r} \times d\boldsymbol{f} = \boldsymbol{r} \times \dot{\boldsymbol{v}}dm \tag{A-92}$$

式中　d$\boldsymbol{f}$——施加在 d$m$ 上的合力；
　　　$\boldsymbol{r}$——d$m$ 的位置矢量；
　　　$\boldsymbol{v}$——d$m$ 的速度。

d$m$ 相对 $O$ 点的角动量定义为

$$d\boldsymbol{h}' = \boldsymbol{r} \times \boldsymbol{v}dm \tag{A-93}$$

对其进行微分，由于 $\boldsymbol{v} \times \boldsymbol{v} = 0$，可得

$$\frac{d}{dt}(d\boldsymbol{h}') = \dot{\boldsymbol{r}} \times \boldsymbol{v}dm + \boldsymbol{r} \times \dot{\boldsymbol{v}}dm = \boldsymbol{v} \times \boldsymbol{v}dm + \boldsymbol{r} \times \dot{\boldsymbol{v}}dm = \boldsymbol{r} \times \dot{\boldsymbol{v}}dm \tag{A-94}$$

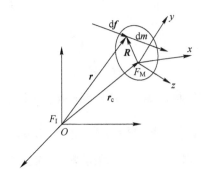

图 A-10　非惯性系示意图

由式（A-91）和式（A-92），式（A-94）可变为

$$\frac{d}{dt}(d\boldsymbol{h}') = \boldsymbol{r} \times \dot{\boldsymbol{v}}dm = \boldsymbol{r} \times d\boldsymbol{f} = d\boldsymbol{M} \tag{A-95}$$

对式（A-95）整个积分，得到对惯性系原点的角动量定理，即

$$\boldsymbol{M}' = \frac{d}{dt}\boldsymbol{h}' = \dot{\boldsymbol{h}}' \tag{A-96}$$

式中　$\boldsymbol{M}'$——对 $O$ 点的外力矩之和，$\boldsymbol{M}' = \int \boldsymbol{r} \times d\boldsymbol{f}$；

　　　$\boldsymbol{h}'$——对 $O$ 点的总角动量，$\boldsymbol{h}' = \int \boldsymbol{r} \times \boldsymbol{v}dm$。

式（A-96）可理解为系统对 $O$ 点的角动量 $\boldsymbol{h}'$ 的变化率等于所有外力对 $O$ 点的总力矩。

设 $r=R+r_c$，对 $\mathrm{d}h'$ 积分，由式（A-93）可得

$$h' = \int r \times v\mathrm{d}m = \int (r_c + R) \times v\mathrm{d}m = \int r_c \times v\mathrm{d}m + \int R \times v\mathrm{d}m$$

$$= r_c \times \int v\mathrm{d}m + \int R \times v\mathrm{d}m$$

对上式求导，可得

$$\dot{h}' = r_c \times \int \dot{v}\mathrm{d}m + \frac{\mathrm{d}}{\mathrm{d}t}\int R \times v\mathrm{d}m \qquad (\text{A-97})$$

合力矩可表示为

$$M' = \int (r_c + R) \times \mathrm{d}f = r_c \times \int \mathrm{d}f + \int R \times \mathrm{d}f \qquad (\text{A-98})$$

由式（A-96）可知式（A-97）和式（A-98）右边相等，则

$$r_c \times \int \dot{v}\mathrm{d}m + \frac{\mathrm{d}}{\mathrm{d}t}\int R \times v\mathrm{d}m = r_c \times \int \mathrm{d}f + \int R \times \mathrm{d}f$$

$$\frac{\mathrm{d}}{\mathrm{d}t}\int R \times v\mathrm{d}m = \int R \times \mathrm{d}f$$

$$\dot{H} = M \qquad (\text{A-99})$$

式中 $H$——对质心的角动量，$H = \int R \times v\mathrm{d}m = \int \widetilde{R}v\mathrm{d}m$；

$M$——对质心的总外力矩，$M = \int R \times \mathrm{d}f = \int \widetilde{R}\mathrm{d}f$。

在坐标系 $F_\mathrm{I}$ 中，根据式（A-99）角动量 $H$ 的表达式可得

$$H_\mathrm{I} = \int \widetilde{R}_\mathrm{I} v_\mathrm{I} \mathrm{d}m = \int \widetilde{R}_\mathrm{I} \dot{R}_\mathrm{I} \mathrm{d}m \qquad (\text{A-100})$$

通常在体轴坐标系中求角动量的分量，则利用坐标系转换矩阵，式（A-100）可化为

$$H_\mathrm{B} = C_\mathrm{B}^\mathrm{I} H_\mathrm{I} = C_\mathrm{B}^\mathrm{I} \int \widetilde{R}_\mathrm{I} \dot{R}_\mathrm{I} \mathrm{d}m$$

根据哥氏法则 $\dot{R}_\mathrm{I} = C_\mathrm{I}^\mathrm{B}(\dot{R}_\mathrm{B} + \widetilde{\omega}_\mathrm{B} R_\mathrm{B})$，有

$$H_\mathrm{B} = C_\mathrm{B}^\mathrm{I} \int \widetilde{R}_\mathrm{I} \dot{R}_\mathrm{I} \mathrm{d}m = \int C_\mathrm{B}^\mathrm{I} \widetilde{R}_\mathrm{I} C_\mathrm{I}^\mathrm{B}(\dot{R}_\mathrm{B} + \widetilde{\omega}_\mathrm{B} R_\mathrm{B}) \mathrm{d}m \qquad (\text{A-101})$$

为对式（A-101）进行化简。首先将式（A-85）两边乘以坐标系转换矩阵 $C_\mathrm{M}^\mathrm{I}$，可得

$$\widetilde{\omega}_\mathrm{I} = \dot{C}_\mathrm{I}^\mathrm{M} C_\mathrm{M}^\mathrm{I} \qquad (\text{A-102})$$

然后由式（A-86）两边求转秩可得

$$\dot{C}_\mathrm{I}^\mathrm{M} = -\widetilde{\omega}_\mathrm{M} C_\mathrm{M}^\mathrm{I}$$

$$(\dot{C}_I^M)^T = (-\widetilde{\omega}_M C_M^I)^T$$

$$\dot{C}_M^I = C_I^M \widetilde{\omega}_M$$

上式代入式（A-102），可得

$$\widetilde{\omega}_I = C_I^M \widetilde{\omega}_M C_M^I \tag{A-103}$$

根据式（A-103）的推导过程，同理可得

$$\widetilde{R}_B = C_B^I \widetilde{R}_I C_I^B \tag{A-104}$$

将式（A-104）代入式（A-101），可得

$$H_B = C_B^I \int \widetilde{R}_I \dot{R}_I dm = \int C_B^I \widetilde{R}_I C_I^B (\dot{R}_B + \widetilde{\omega}_B R_B) dm = \int \widetilde{R}_B \dot{R}_B dm + \int \widetilde{R}_B \widetilde{\omega}_B R_B dm \tag{A-105}$$

因为对于刚体而言，$\dot{R}_B = 0$，$\widetilde{\omega}_B R_B = -\widetilde{R}_B \omega_B$，所以

$$H_B = \int \widetilde{R}_B \widetilde{\omega}_B R_B dm = -\int \widetilde{R}_B \widetilde{R}_B \omega_B dm \tag{A-106}$$

$\omega_B$ 对质量积分为常量，所以角动量表达式（A-106）可化为

$$H_B = I_B \omega_B \tag{A-107}$$

式中

$$I_B = -\int \widetilde{R}_B \widetilde{R}_B dm \tag{A-108}$$

$$\widetilde{R}_B \widetilde{R}_B = \begin{bmatrix} 0 & -z & y \\ z & 0 & -x \\ -y & x & 0 \end{bmatrix} \begin{bmatrix} 0 & -z & y \\ z & 0 & -x \\ -y & x & 0 \end{bmatrix} = \begin{bmatrix} -(z^2+y^2) & yx & zx \\ xy & -(z^2+x^2) & zy \\ xz & yz & -(x^2+y^2) \end{bmatrix}$$

$$I_B = -\int \widetilde{R}_B \widetilde{R}_B dm = \begin{bmatrix} \int(z^2+y^2)dm & -\int yx dm & -\int zx dm \\ -\int xy dm & \int(z^2+x^2)dm & -\int zy dm \\ -\int xz dm & -\int yz dm & \int(x^2+y^2)dm \end{bmatrix}$$

则

$$I_B = \begin{bmatrix} I_{xx} & -I_{yx} & -I_{zx} \\ -I_{xy} & I_{yy} & -I_{zy} \\ -I_{xz} & -I_{yz} & I_{zz} \end{bmatrix} \tag{A-109}$$

其中

$$\begin{cases} I_{xx} = \int (z^2 + y^2)\,dm \\ I_{yy} = \int (z^2 + x^2)\,dm \\ I_{zz} = \int (x^2 + y^2)\,dm \end{cases} \quad (\text{A-110})$$

式中：$I_{xx}$、$I_{yy}$、$I_{zz}$ 为转动惯量或惯性矩。

$$\begin{cases} I_{xy} = I_{yx} = \int xy\,dm \\ I_{yz} = I_{zy} = \int yz\,dm \\ I_{zx} = I_{xz} = \int zx\,dm \end{cases} \quad (\text{A-111})$$

式中：$I_{xy}$、$I_{yx}$、$I_{yz}$、$I_{zy}$、$I_{zx}$、$I_{xz}$ 为惯性积。

根据惯性主轴定义，在刚体内任意一点可以确定三条正交轴，使惯性积全部为 0，这三条正交轴称惯性主轴。相对这些轴的转动惯量称为主转动惯量。由定义可知，在刚体任何一点都有一组主轴，而刚体有无穷多个点，就有无穷多组主轴。不过通常选取过质心的主轴更为有利，这种主轴称为中心主轴，对应的转动惯量称为中心主转动惯量。选取中心主轴可简化惯性张量矩阵。在研究武器转动时应用此方法可简化方程。

**（四）动力学方程推导**

动力学方程是武器空间运动模型的基本方程，是研究外弹道的基础。

如图 A-11 所示，设固定坐标系 $F_I$，原点在 $I$；动坐标 $F_M$，原点在 $O$，固定在刚体上。在时刻 $t$，$F_I$ 与 $F_M$ 重合，设 $F_M$ 以速度 $u$ 和角速度 $\omega$ 相对 $F_I$ 运动。在无限小的时间间隔 $dt$ 内动量 $K$ 和角动量 $H$ 变化，在 $dt$ 时间原点移动 $udt$，坐标转动 $\omega dt$，速度变化为其和。

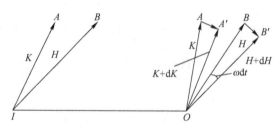

图 A-11 动力学方程示意图

先看移动效应（不计转动）。假定 $K$、$H$ 相对动坐标保持不变，$K$ 在平行自身运动过程中不变，相对于 $I$ 点的角动量由于在动坐标系原点 $O$ 处增加了

$u\mathrm{d}t\times K$,得到移动角动量 $H$ 变化率 $\widetilde{u}K$。

现在考虑原点不动,$K$ 相对 $F_\mathrm{M}$ 也不变,$OA$、$OB$ 分别代表 $t$ 时刻的 $K$、$H$,当经过 d$t$ 时刻坐标转过 $\omega\mathrm{d}t$ 角度时,$OA$、$OB$ 变为 $OA'$、$OB'$,其增量为

$$\begin{cases} AA' = \omega\mathrm{d}t\times \overline{OA} \\ BB' = \omega\mathrm{d}t\times \overline{OB} \end{cases} \quad (\mathrm{A\text{-}112})$$

所以,$K$、$H$ 对固定坐标 $F_\mathrm{I}$ 变化率分别是 $\widetilde{\omega}K$ 和 $\widetilde{\omega}H$;最后观察者随 $F_\mathrm{M}$ 一起运动,$K$、$H$ 随时间的变化率表示为 $\partial K/\partial t$ 和 $\partial H/\partial t$,则相对于固定坐标 $K$、$H$ 的变化率等于上述各变化率在同一瞬间叠加,且分别为

$$\begin{cases} \dfrac{\mathrm{d}K}{\mathrm{d}t} = \dfrac{\partial K}{\partial t} + \widetilde{\omega}K \\ \dfrac{\mathrm{d}H}{\mathrm{d}t} = \dfrac{\partial H}{\partial t} + \widetilde{\omega}H + \widetilde{u}K \end{cases} \quad (\mathrm{A\text{-}113})$$

而动量和动量矩的变化率等于外力和外力矩,即

$$\begin{cases} \dfrac{\mathrm{d}K}{\mathrm{d}t} = F \\ \dfrac{\mathrm{d}H}{\mathrm{d}t} = M \end{cases} \quad (\mathrm{A\text{-}114})$$

则动力学方程组可表示为

$$\begin{cases} \dfrac{\partial K}{\partial t} + \widetilde{\omega}K = F \\ \dfrac{\partial H}{\partial t} + \widetilde{\omega}H + \widetilde{u}K = M \end{cases} \quad (\mathrm{A\text{-}115})$$

# 附录 B  弹道导弹燃气-蒸汽发射技术

潜射弹道导弹通常采用水下垂直冷发射。在发射准备阶段，导弹竖立在潜艇的发射筒内，潜艇则在水下一定的深度以一定的速度航行。发射时，由发射动力系统产生的高温、高压的燃气和蒸汽混合气体从发射筒底部推动导弹向上运动，使其弹射出筒，进入海水。在水中，导弹靠惯性做无控制运动。在弹体全部出水一段距离以后，导弹的推进和控制系统开始工作，按预定的程序使导弹飞往目标。

从发射筒筒口薄膜破裂到导弹尾部离开筒口的阶段称为出筒段。导弹在此过程中，依靠发射气体产生的推力，沿发射筒向上做加速运动，进入海水介质。本章重点分析导弹出筒段的动力学特性，根据燃气-蒸汽发射装置的工作原理和导弹运动方程，建立燃气-蒸汽发射动力系统内弹道模型，并利用模型对导弹出管运动过程进行仿真分析。

## 一、燃气-蒸汽发射动力系统工作原理

燃气-蒸汽发射动力系统是导弹发射装置的重要组成部分，也是与导弹发射内弹道联系最为紧密的部分。其功用是提供导弹在发射筒内运动的作用力，按总体提出的战术技术指标要求在水下一定深度将导弹弹射出发射筒，为导弹可靠的水上点火和飞向目标提供必要的初始弹道。

燃气-蒸汽发射动力系统起源于美国 1964 年装备的"拉斐特"级核潜艇，用于发射"北极星 A3"潜地弹道导弹。其以火药气体为动力源，以海水作为冷却剂和调节工质，形成燃气与蒸汽混合工质作为推动导弹运动的工质。用该种形式的发射动力系统实施核潜艇水下发射潜射弹道导弹是当代国际的主流技术，它与压缩空气式发射动力系统相比，具有体积小、结构简单、安全性高、内弹道性能稳定且参数可调、可以实施变深度发射等优点。

燃气-蒸汽发射动力系统用来为潜艇在水下发射深度范围内按照预定的内弹道参数将导弹弹射出筒提供动力源。如图 B-1 所示，系统主要由点火保险机构、燃气发生器、冷却器、动力弯管等部分组成。

发射动力系统的工作原理：首先根据发射深度设定冷却器喷水量，当接到调节指令后，冷却器在变深度控制器的控制下，设定喷水数量。然后根据点火指令起爆电爆管，点燃燃气发生器主装药，产生高温、高压燃气，并经一级喷管和导流管流入冷却器。在冷却器中，主燃气流经导流管、二级喷管

进入喷水管，与预加水混合；与此同时，有一少部分燃气经导流管与分流管间的环形通道进入水室，在水室上部空间建立一定压力，此压力高于喷水管内部压力而形成喷水压差。在喷水压差的作用下，冷却水按设计规律经喷水管连续地喷入主燃气流中，使燃气流降温降压。由于高温燃气与冷却水间的热交换，冷却水不断汽化从而形成燃气与蒸汽混合气体，并流经动力弯管进入发射筒，在发射筒内建立一定的压力，将导弹按预定的内弹道规律弹射出发射筒。

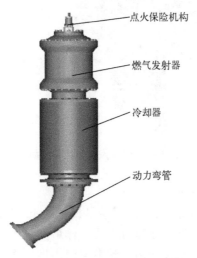

图 B-1　发射动力系统结构示意图

## （一）燃气发生器结构组成及工作原理

燃气发生器是采用高能、高燃速、增面燃烧装药型固体推进剂的火箭发动机，它是发射动力系统的核心，是产生燃气的动力源。如图 B-2 所示，燃气发生器主要由点火药盒、点火药、燃烧室、主装药、前后封头、前后挡药板和一级喷管和导流管组成。其中，主装药火药柱按设计增面规律燃烧，产生高温、高压燃气，将化学能变为热能。

当接到点火指令后，点火器通过加热电阻丝点燃点火药，产生发火药燃气；发火药燃气进入点火药盒，引燃点火药盒中的点火药，产生点火药燃气；点火药燃气冲出点火药盒后经整流罩均匀地进入燃烧室，最后点燃主装药，使燃气发生器点火工作，产生高温、高压燃气。燃气冲破防潮膜片经由一级喷管后形成超声速燃气流，经由导流管流入水冷却器。

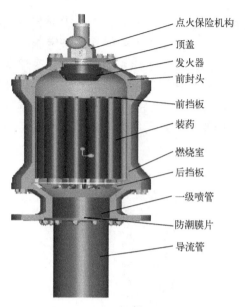

图 B-2　燃气发生器结构示意图

## （二）冷却器结构组成及工作原理

冷却器是燃气-蒸汽发射动力系统的降温、降压和在一定范围内调节燃气做功能力的装置。由于受导弹对工质气体最高温度的限制，燃气发生器产生的高温、高压燃气不能直接输入到发射筒内推动导弹运动，而必须经过冷却器喷入冷却水使其降温、降压，同时，冷却水部分或全部变为水蒸气参与做功。为此冷却器必须与燃气发生器同步工作，并能自动按设计流量规律将冷却水喷入燃气流里，进行急剧汽化，形成燃气与蒸汽混合气体。对于变喷水量冷却器，能够自动跟踪潜艇深度信息，按不同发射深度控制喷水量，调节燃气与蒸汽混合气体的有用能，满足变深度发射对不同发射深度下导弹出筒速度的要求。

冷却器如图 B-3 所示，由水室、分流管、喷水管、二级喷管、二级导流管、上下挡水膜片、下封头本体、各种密封垫圈以及变深度控制机构等部件组成。由燃气发生器一级喷管出来的高温、高速、高压的燃气沿导流管进入二级喷管，由于合理设计一、二级喷管的喉面配比，使得从一级喷管流出的超声速气流在其喷管出口附近产生一道激波而变成亚声速气流，该气流经导流管进入二级喷管的前沿空间，少部分燃气通过导流管和分流管间的环形通道折入冷却器水室上部，而滞留作用在水面上，形成高压区，主气流通过二级喷管降压增速，冲破上挡水膜片，射入喷水管喷水区，其间压力逐渐下降，形成低压的流态。水室中的冷却水在此压差的作用下，连续喷入燃气流中，使燃气流降温、减速，并冲破下挡水膜片，经弯管整流后进入发射筒底部，最终形成具有一定压力和温度的燃气与蒸汽混合工质，推动导弹做功，按设定的内弹道参数将导弹弹射出水面。

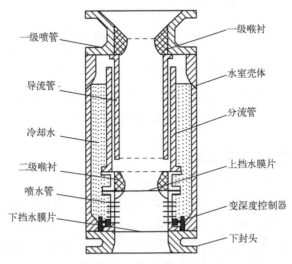

图 B-3　冷却器结构示意图

冷却器中的冷却水按位置和作用不同分为两部分：一是水室中的冷却水；二是喷水管中的预加水。冷却器正是通过这两部分冷却水来给燃气降温、降压的。

**1. 水室中的冷却水**

水室中的冷却水是指喷水管外部水室壳体中的预存水。其通过燃气流在冷却器中建立起的压力差，在主燃气流经喷水管时以雾化状态通过喷水管上的喷水孔注入燃气流中，与燃气充分混合并不断吸收热量并汽化。最终达到降温、减压的目的，形成满足内弹道参数要求的推动导弹弹射出筒的燃气与蒸汽混合气体。

**2. 预加水**

预加水是指水室中喷水管内部的预存水，是在喷水之前就处于主燃气流通道之中的冷却水。在导弹"发射准备"阶段向冷却器注水时，由水室经喷水孔流入，保存在喷水管中，由上下挡水膜片承受其压力。

预加水的作用是消除过高的 $p_c$ 压力峰值，如图 B-4 所示。若无预加水，发射筒内会形成一个压力高峰，并会大大超过导弹总体对发射动力系统的筒内工质最大压力要求。这是由于喷水机构反应速度滞后于燃气喷流速度，在燃气经过喷水管的最初时刻不能向燃气流中及时喷水冷却所导致的。

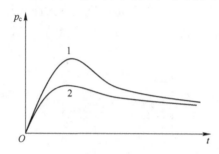

1—无预加水时筒内压力曲线；2—有预加水时筒内压力曲线。

图 B-4 发射筒压力曲线

### （三）喷水压差的形成原理

如图 B-5 所示，由燃气发生器燃烧室流出的燃气，经一级喷管后形成超声速气流从其出口截面流出。这种超声速气流受到二级喷管的阻碍，将出现脱体激波 I。通过合理配比一、二级喷管的出口截面，保证此激波形成位置在靠近一级喷管的出口截面上。激波 I 前的气流压力 $p_1$ 就是一级喷管的出口压力，经激波 I 后，气流变为亚声速，压力变为 $p_2$，且有 $p_2>p_1$。此亚声速气流经导流管整流后进入分流管。在此过程中，因为通道截面不断增大，所以将依次膨胀减速、增压，致使 $p_F>p_D>p_2$。

由于在结构上适当选定了二级喷管（收敛形的声速喷管）的喉径，使之所能通过的燃气流量略小于一级喷管所能通过的流量，致使由导流管流出的燃气其中有一小部分（分流燃气）经分流管与导流管之间的环形通道而流入水室，从而使冷却水受到压力 $p_S$，而燃气的绝大部分（主流燃气）通过二级喷管继续流入喷水管。二级喷管的这种作用称为分流作用。

由于分流燃气在进入水室后其流速大大降低，压力增大，故有 $p_S>p_F$。主燃气流经二级喷管时，因管径收缩将加速为声速气流，在流入喷水管时，由于流面增大又会膨胀加速为超声速气流。这种超声速气流受到喷水柱形成的网状水帘的阻碍，在喷水管中又将产生激波 II。设激波 II 前的压力为 $p_B$，激波 II 后的压力为 $p_P$，则 $p_P>p_B$。因为燃气在激波 II 前的流速大于二级喷管入口截面（即分流管中）的流速，所以 $p_F>p_B$。由于冷却水的冷却作用，激波 II 后的压力 $p_P$ 事实上将大为降低，且有 $p_P<p_B$，而 $p_P$ 可近似视为喷水区中喷水管内侧的气流压力，喷水管外侧的冷却水压力可近似视为 $p_S$，这样喷水孔两端的压力差为

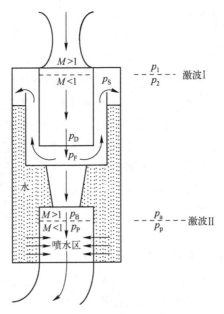

图 B-5 水冷却器工作原理

$$\Delta p = p_S - p_P \tag{B-1}$$

因为 $p_S > p_F > p_B > p_P$，故 $\Delta p > 0$，在这个压差的作用下，冷却水通过喷水孔喷入燃气流中。

### （四）变深度控制技术

现代战争中为达到对目标打击的突然性，同时保障发射平台的安全，潜射弹道导弹都强调变深度、隐蔽发射。所谓变深度发射就是指潜艇在水下某一深度范围内均可实施导弹发射。发射动力系统可以根据发射深度的不同，通过能量调节机构调节作用于导弹上的有用能，从而保证发射深度在一定范围内变化时均能获得满足要求的内弹道参数。这对于提高导弹发射的安全性和潜艇作战使用的灵活性都具有重要的意义。

为了保证导弹的出水姿态和稳定性，要求在不同深度发射的导弹具有基本相同的出水速度，这就要求发射动力系统能够随发射深度的不同提供不同的出筒速度。燃气-蒸汽发射动力系统在冷却器中增加了喷水控制机构，在发射导弹时，根据发射深度的不同，通过控制喷水管上喷水孔的数量来改变喷入燃气中的冷却水量。即发射深度越深，喷水孔越少，喷入的冷却水量越少；反之，发射深度越浅，喷水孔越多，喷入的冷却水量越多。从而实现能量的有效控制，调节燃气与蒸汽混合气体工质作用于导弹的有用功，使在不同深度发射的导弹出水速度达到要求值。

## 二、内弹道方程

潜射弹道导弹发射内弹道模型的建立，首先应该根据发射动力系统的结构特点，选取相应的热力系统，建立燃气、冷却水流量方程和能量平衡方程。然后应用根据气体性质分别利用理想气体状态方程和 55 型马丁-侯（M-H）实际气体状态方程建立发射筒内工质气体的状态方程，并用温度函数混合法求得混合气体的压力，推算出作用在导弹上的推力。最后在充分考虑到导弹与适配器自身重量、适配器与发射筒间的摩擦力、气密环与发射筒间的摩擦力、大气压力、流体静压力、流体阻力等因素的情况下，利用牛顿第二定律计算导弹内弹道参数。

### （一）热力系统的选取及基本模型的建立

热力系统的选取可分为整体法和分体法两种。整体法是把发射动力系统和发射筒的弹后空间作为一个整体取热力系统。此方法把整个热力系统当作闭系统来考虑，可应用闭系统的热力学第一定律建立相应数学模型。分体法是把燃气发生器和发射筒的弹后空间分隔开，将热力系统变为两个开系统，并分别应用热力学第一定律建立数学模型。

虽然两种方法选取的热力系统和相应的推导方式都不尽相同，但是其具有完全相同的数学模型，即

$$m_g u_1 + Q = m_g u_2 + \int_1^2 p dV \tag{B-2}$$

式中 $m_g u_1$——燃气初态能量；

$m_g u_2$——燃气末态能量；

$Q$——系统与外界交换的热量，吸热时为正值，散热时为负值。

本书采用分体法进行建模。即视燃气发生器为流出系统，视冷却器和弯管组合体的导气过程为稳定流动开口系统，将发射筒充气过程进行简化。这样，在不考虑发射筒底空气的情况下，由燃气发生器、冷却器、弯管、发射筒等部件组成的整套发射系统的工作过程可视为充放气模型。

### （二）基本假设

导弹水下发射过程伴随着复杂的能量交换和能量转换，影响该系统变化的因素很多，为了在不影响结论的前提下将研究问题进行适当简化，在进行内弹道研究时作以下基本假设。

（1）发射筒内的燃气和空气为理想气体，它们和水蒸气之间符合温度函

数混合法则。

（2）不具体考虑气流各参数沿管路的变化情况，把气流的流动看作工质能量输送的过程。

（3）发射动力系统内的燃气、冷却水和发射筒内的空气能够连续、均匀混合，进行能量交换，混合工质气体状态参数均匀一致。

（4）将燃气发生器生成的火药气体看作一个整体，不考虑各组成成分的单独作用，也不考虑燃气与水蒸气和筒内空气的化学反应。

（5）根据在某时刻进入发射筒内燃气和冷却水的比例和热交换规律，将整个发射过程分为水的加热、汽化和过热三个过程。水的加热过程是指把水从初温加热到沸腾的过程，在这个过程认为初始状态筒内没有水蒸气，符合相平衡条件；引入干度 $x$ 表示汽化过程；过热过程认为筒内没有水存在，且水蒸气处于过热状态。

（6）引入压力系数 $x_p$ 来表示燃气贬值和漏气造成的能量损失，并假设其在整个过程为一定值。

（7）引入能量系数 $x_e$ 来表示热传递过程中的能量损失，并假设其在整个过程中为一定值。

（8）引入动能系数 $x_k$ 来表示工质气体的宏观动能，并假设其在整个过程为一定值。

（9）忽略潜艇运动、海流和海浪等环境因素对导弹纵向运动的影响。

（三）能量方程

发射动力系统工作时，燃气和水不断地输入发射筒，水吸热汽化变为水蒸气。燃气、水蒸气和空气混合气体在发射筒内弹后空间建立压力，克服导弹运动所受的阻力，将导弹弹射出发射筒。在燃气发生器整个工作过程中，发射筒内燃气和水量是不断变化的，属于变量气体膨胀做功问题；从导弹开始运动至尾部出筒前属于定量气体膨胀做功问题。

**1. 燃气流量方程**

由基本假设可知，燃气发生器的秒流量 $G_g$ 计算公式为

$$G_g = \frac{1}{C^*} A_{t1} \mu \sigma_t p_C \quad \text{（B-3）}$$

燃气发生器流出的燃气量计算公式为

$$m_g = \int_0^t G_g \mathrm{d}t = \int_0^t \frac{1}{C^*} A_{t1} \mu \sigma_t p_C \mathrm{d}t \quad \text{（B-4）}$$

**2. 冷却水流量方程**

预加水和水室中的冷却水所处的位置不同，进入发射筒的方式也是不同

的。预加水在二级喷管的膜片破裂之后立刻一次性地全部进入发射筒，在此之前基本没有经过雾化、与燃气掺混和热交换的过程。而水室中的冷却水则是在压差作用下通过喷水孔连续不断地注入，并且经过喷水孔的一次雾化和横向高速燃气流的二次雾化之后，与燃气发生了比较充分的掺混和热交换过程，其汽化程度在进入发射筒之前就达到了比较高的水平。

根据小孔出流的流量计算原理，对于经喷水孔喷入的冷却水可按下式计算，即

$$m_1 = \int_0^t G_1 \mathrm{d}t = \mu n_1 s_1 \int_0^t \sqrt{2\lambda\rho l \Delta p}\, \mathrm{d}t = \mu n_1 s_1 \sqrt{2\lambda\rho l} \int_0^t \sqrt{p_\mathrm{C}}\, \mathrm{d}t \qquad (\text{B-5})$$

式中　$n_1$——水孔数；

　　　$s_1$——单个喷水孔数的面积；

　　　$\mu$——喷水孔流量系数；

　　　$\Delta p$——喷水压差；

　　　$\lambda$——喷水压差系数，$\lambda = \Delta p/p_\mathrm{C}$。

潜艇水下航行时，按规定使用海水作为冷却水，由于海水中盐的成分不能汽化，在计算时需引入一个系数 $a$，其表示海水中含淡水的百分比。另外，再将喷水管内的预加水量 $m_{10}$ 一并考虑在内，则冷却水量按下式计算，即

$$m_1 = a\mu n_1 s_1 \sqrt{2\rho_1 \lambda} \int_0^t \sqrt{p_\mathrm{C}}\, \mathrm{d}t + m_{10} \qquad (\text{B-6})$$

**（四）能量平衡方程**

设在某时刻有 $m_\mathrm{g}$ 燃气流经冷却器，与 $m_1$ 冷却水混合后再进入发射筒与筒内空气混合，并且系统对外做功 $W$。根据基本假设，对于所考虑的热力系统应用热力学第一定律和有关混合工质的关系式以及内弹道基本数学模型，可得

$$U_1 + Q = U_2 + W \qquad (\text{B-7})$$

$$U_1 = U_{\mathrm{g}1} + U_{11} + U_{\mathrm{a}1} \qquad (\text{B-8})$$

$$W = \int_1^2 p\,\mathrm{d}V \qquad (\text{B-9})$$

根据假设，火药定容燃烧产生 $m_\mathrm{g}$ 燃气所具有的能量为

$$U_{\mathrm{g}1} = m_\mathrm{g} c_{\mathrm{vg}} t_\mathrm{v} \qquad (\text{B-10})$$

$m_1$ 冷却水所具有的内能为

$$U_{11} = m_1 c_1 t_1 \qquad (\text{B-11})$$

$m_\mathrm{a}$ 筒内气体所具有的内能为

$$U_{\mathrm{a}1} = m_\mathrm{a} c_{\mathrm{va}} t_\mathrm{a} \qquad (\text{B-12})$$

所以混合工质气体初态能量为

$$U_1 = U_{g1} + U_{l1} + U_{a1} = m_g c_{vg} t_v + m_l c_l t_l + m_a c_{va} t_a \quad \text{(B-13)}$$

热力系统所输出的功 $W$ 等于导弹克服阻力所做的功与导弹所获动能之和，即

$$W = \int_1^2 p\mathrm{d}V = \frac{1}{2} M v^2 + \int_0^l F \mathrm{d}l \quad \text{(B-14)}$$

根据假设，令

$$m_g c_{vg} t_v + Q = x_e m_g c_{vg} t_v \quad \text{(B-15)}$$

则

$$x_e m_g c_{vg} t_v + m_l c_l t_l + m_a c_{va} t_a = U_2 + \frac{1}{2} M v^2 + \int_0^l F \mathrm{d}l \quad \text{(B-16)}$$

式中 $U_2$——混合工质的内能。

由于在整个发射过程中，根据冷却水汽化的程度可分为加热、汽化、过热三个不同的阶段，因此，混合后的工质也相应地有三种不同的状态。根据假设条件（5），可分别求出三个不同状态的内能。

**1. 水的加热过程**

在水的加热过程中，默认筒内温度小于沸腾温度 $t_s$，则筒内燃气的内能为

$$U_{g2} = m_g u_{g2} = m_g c_{vg} t_t \quad \text{(B-17)}$$

筒内冷却水的内能为

$$U_{l2} = (m_l) u_{l2} = (m_l) c_l t_l \quad \text{(B-18)}$$

筒内空气的内能为

$$U_{a2} = m_a u_{a2} = m_a c_{va} t_t \quad \text{(B-19)}$$

因此，水的加热过程发射筒内混合工质的内能为以上三者之和，表达式为

$$U_2 = U_{g2} + U_{l2} + U_{a2} = m_g c_{vg} t_t + (m_l + m_{l0}) c_l t_l + m_a c_{va} t_t \quad \text{(B-20)}$$

可得水的加热过程能量平衡方程为

$$x_e m_g c_{vg} t_v + m_l c_l t_l + m_a c_{va} t_a = m_g c_{vg} t_t + m_l c_l t_l + m_a c_{va} t_t + \frac{1}{2} M v^2 + \int_0^l F \mathrm{d}l \quad \text{(B-21)}$$

上述各式中的 $c_v$ 为平均比定容热容，即取 500~3000K 之间的平均值。

由式（B-21）可求得当 $t_t < t_s$ 时，发射筒内温度 $t_t$ 为

$$t_t = \frac{x_e m_g c_{vg} t_v + m_l c_l t_l + m_a c_{va} t_a - \frac{1}{2} M v^2 - \int_0^l F \mathrm{d}l}{m_g c_{vg} + m_l c_l + m_a c_{va}} \quad \text{(B-22)}$$

**2. 水的汽化过程**

在冷却水汽化过程中，筒内处于水、汽共存的湿饱和平衡状态。因此，发射筒内温度 $t_t$ 等于该时刻筒内压力下的沸腾温度 $t_s$，因此有筒内燃气的内能为

$$U_{g2} = m_g u_{g2} = m_g c_{vg} t_s \tag{B-23}$$

湿饱和水蒸气的分内能为

$$U_{s2} = U_{x2} = m_1 u_{x2} = m_1 (h_x - p_s v_x) \tag{B-24}$$

因为

$$h_x = c_1 t_s + x \Delta H \tag{B-25}$$

$$v_x = (1+x) v'_x + x v''_x \approx x v''_x \tag{B-26}$$

所以

$$U_{s2} = U_{x2} = m_1 (c_1 t_s + x \Delta H - p_s v''_s x) \tag{B-27}$$

筒内空气分内能为

$$U_{a2} = m_a u_{a2} = m_a c_{va} t_s \tag{B-28}$$

因此，水的汽化过程发射筒内混合工质的内能为

$$U_2 = m_g c_{vg} t_s + m_1 (c_1 t_s + x \Delta H - p_s v''_s) + m_a c_{va} t_s \tag{B-29}$$

汽化过程能量平衡方程为

$$\begin{aligned} &x_e m_g c_{vg} t_v + m_1 c_1 t_1 + m_a c_{va} t_a \\ &= m_g c_{vg} t_s + m_1 (c_1 t_s + x \Delta H - p_s v''_s x) + m_a c_{va} t_s + \frac{1}{2} M v^2 + \int_0^l F \mathrm{d}l \end{aligned} \tag{B-30}$$

在此过程中，一定的饱和压力对应着一定的饱和温度。因此，可根据式（B-30）求出汽化过程湿饱和蒸汽的干度为

$$x = \frac{x_e m_g c_{vg} t_v + m_1 c_1 t_1 + m_a c_{va} t_a - (m_g c_{vg} + m_1 c_1 + m_a c_{va}) t_s - \frac{1}{2} M v^2 - \int_0^l F \mathrm{d}l}{m_1 (\Delta H - p_s v''_s)}$$

$$\tag{B-31}$$

式中：$x$ 的值在 0~1 之间变化。当 $t_t = t_s$、$x = 0$ 时为饱和点；当 $t_t = t_s$、$x = 1$ 时为干饱和点。

**3. 水的过热过程**

在此过程中，冷却水立即被汽化，水蒸气处于过热状态。发射筒内温度 $t_t$ 大于该压力下的沸腾温度 $t_s$，因此，燃气的内能为

$$U_{g2} = m_g u_{g2} = m_g c_{vg} t_t \tag{B-32}$$

过热水蒸气所具有的内能为

$$U_{l2} = m_1 u_{l2} = m_1 [c_{pl}(t_t - t_s) + \Delta H + c_l t_s - pv] \tag{B-33}$$

筒内空气的内能为

$$U_{a2} = m_a u_{a2} = m_a c_{va} t_t \tag{B-34}$$

因此，过热状态下，筒内混合工质的内能为

$$U_2 = U_{g2} + U_{l2} + U_{a2} = m_g c_{vg} t_t + m_1 [c_{pl}(t_t - t_s) + \Delta H + c_l t_s - pv] + m_a c_{va} t_t \tag{B-35}$$

过热状态下的能量平衡方程为

$$x_e m_g c_{vg} t_v + m_1 c_1 t_1 + m_a c_{va} t_a - m_1 [(c_1 - c_{pl} t_t) t_s + \Delta H - pv]$$
$$= m_g c_{vg} t_t + m_1 c_{pl} t_t + m_a c_{va} t_s + \frac{1}{2} Mv^2 + \int_0^l F dl \tag{B-36}$$

根据式（B-36）可得过热状态下发射筒内温度 $t_t$ 为

$$t_t = \frac{x_e m_g c_{vg} t_v + m_1 c_1 t_1 + m_a c_{va} t_a - m_1 [(c_1 - c_{pl} t_t) t_s + \Delta H - pv] - \frac{1}{2} Mv^2 - \int_0^l F dl}{m_g c_{vg} + m_1 c_1 + m_a c_{va}}$$
$$\tag{B-37}$$

### （五）状态方程

**1. 加热过程状态方程**

在此过程中，发射筒内的工质气体只有燃气和空气，对这两种气体可根据理想气体状态方程计算气体压力，即

$$p_t = \frac{x_p (R_g m_g + R_a m_a) T_t}{s_t (l_0 + l)} \tag{B-38}$$

式中：$T_t = t_t + 273.15$，$t_t$ 由式（B-22）求得。

**2. 汽化过程状态方程**

水蒸气是一种实际气体，在非低压、高温情况下，利用理想气体状态方程确定它的状态参数误差很大。确定水蒸气状态参数有两种方法：一种是查水蒸气表法；另一种是公式法。水蒸气表是试验数据，有足够的精确度，可以利用计算机编制程序对照水蒸气表进行参数查找和相应的计算。公式法是利用对水蒸气表的数据进行数学拟合而成的数学公式，可近似计算水蒸气的参数和相应状态。目前，很多学者创建了较为行之有效的计算公式，本书在进行内弹道计算时采用55型马丁-侯（M-H）实际气体状态方程来描述工质气体的状态，该状态方程是根据实际气体的热物理性质，同时考虑了分子间的结合现象而导出的。然后，利用温度函数混合法求得混合气体的压力。

根据假设条件（1）、（2）、（4），将55型马丁-侯（M-H）气体状态方程和温度函数混合法则应用于汽相 $m_g$、$m_a$、$xm_1$，则可求得汽化过程发射筒内工

质气体的压力为

$$\frac{p_t}{x_p} = \frac{(R_g m_g + R_a m_a)T_s}{s_t(l_0+l)} + \frac{R_1 T_s}{v-b} + \frac{A_2 + B_2 T_s + c_2 e^{-5.475 T_S/T_k}}{(v-b)^2} + \frac{A_3 + B_3 T_s + c_3 e^{-5.475 T_S/T_k}}{(v-b)^3} + \frac{A_4}{(v-b)^4} + \frac{B_5 T_s}{(v-b)^5}$$
(B-39)

式中，$T_t = t_t + 273.15$；$v = s_t(l_0+l)/xm_1$；$x$ 由式（B-31）求得。

### 3. 过热过程状态方程

过热过程混合气体压力求解与汽化过程一致，根据假设条件（1）、（2）、（4），将 55 型马丁-侯（M-H）气体状态方程和温度函数混合法则应用于汽相 $m_g$、$m_a$、$m_1$，进而求得过热过程发射筒内工质气体的压力为

$$\frac{p_t}{x_p} = \frac{(R_g m_g + R_a m_a)T_t}{s_t(l_0+l)} + \frac{R_1 T_t}{v-b} + \frac{A_2 + B_2 T_s + C_2 e^{-5.475 T_t/T_k}}{(v-b)^2} + \frac{A_3 + B_3 T_t + C_3 e^{-5.475 T_t/T_k}}{(v-b)^3} + \frac{A_4}{(v-b)^4} + \frac{B_5 T_t}{(v-b)^5}$$
(B-40)

式中：$T_t = t_t + 273.15$，$t_t$ 由式（B-37）求得；$v = s_t(l_0+l)/m_1$。

在式（B-39）和式（B-40）中，有

$$\begin{cases} A_2 = f_2(T_k) - B_2 T_k - C_2 e^{-5.475} \\ B_2 = \dfrac{-f_2(T_k) - bR_1 T_B - C_2(e^{-5.475 T_B/T_k} - e^{-5.475})}{T_B - T_k} \\ C_2 = \dfrac{\left[\dfrac{f_2(T_k) + bR_1 T_B + (R_1 T)^2(1-z_k)}{p_k}\right] + [f_2(T_k) + bR_1 T_B](T_k - T)}{(T_B - T_k)(e^{-5.475} - e^{-5.475 T_B/T_k}) - (T_k - T)(e^{-5.475 T_B/T_k} - e^{-5.475})} \\ A_3 = f_3(T_k) - B_3 T_k - C_3 e^{-5.475} \\ B_3 = \dfrac{[m(v_k-b)^3 - R_1(v_k-b)^2 - B_2(v_k-b)](v_k-b)^2}{1+(v_k-b)^2} \\ A_4 = f_4(T_k) \\ B_5 = f_5(T_k)/T_k \\ b = v_k - \dfrac{(\beta v_k)}{15z} \end{cases}$$

其中

$$\begin{cases} z = (p_k v_k)/(R_1 T_k) \\ \beta = -31.882z^2 + 20.533z \\ f_2(T_k) = 9p_k(v_k-b)^2 - 3.8R_1 T_k(v_k-b) \\ f_3(T_k) = 5.4R_1 T_k(v_k-b)^2 - 17p_k(v_k-b)^3 \\ f_4(T_k) = 12p_k(v_k-b)^4 - 3.4R_1 T_k(v_k-b)^3 \\ f_5(T_k) = 0.8R_1 T_k(v_k-b)^4 - 3p_k(v_k-b)^5 \\ T/T_k = 0.2605 + 5.176z - 11.7715z^2 \\ T_B = 30 + 2042T_k - 5.67\times 10^{-4} T_k^2 \\ m = \left(\dfrac{\partial p}{\partial T}\right) v_k = -M \dfrac{p_k}{T_k} \end{cases} \quad (B\text{-}41)$$

式中 $p_k$、$T_k$、$v_k$——临界点的压力、温度和比容。

### （六）运动方程

在导弹出筒过程中，作用于弹体轴向的力有推力、重力、浮力、摩擦力和轴向流体动力，如图 B-6 所示。

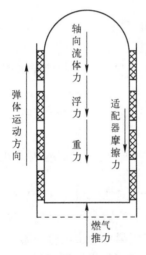

图 B-6 导弹出筒段轴向受力示意图

### 1. 发射气体推力

导弹向上运动的推力来源于发射工质气体作用在导弹底部下表面的压力，由发射筒内工质气体的平均总压强和发射筒横截面面积来确定。另外，在发射过程中，进入发射筒的工质气体具有一定的内能。同时，工质气体所具有的流动速度使其具有一定数量的机械能。内能和机械能共同对导弹出筒运动做功。

因此，作用在导弹上的推力为

$$p = p_t S + X_k p_t S = (1+X_k) p_t S \tag{B-42}$$

式中　$p_t$——工质气体平均总压力，可分别由冷却水三种不同状态的状态方程求得；

　　　$S$——发射筒内筒横截面面积；

　　　$X_k$——动能系数，假定其值在整个发射过程中为一常数。

**2. 运动阻力**

1）重力

导弹出筒阶段所受的重力是指弹体自身重力与适配器重力的合力，方向铅垂向下。其表达式为

$$G = (M+m)g \tag{B-43}$$

2）浮力

筒中弹体受到的浮力表现为静水压力，其方向与重力方向一致，其表达式为

$$B_{筒} = (p_0 + \rho g H) S \tag{B-44}$$

式中　$p_0$——正常大气压；

　　　$H$——弹体距水面的深度；

　　　$S$——导弹横截面面积。

浸水弹体受到的浮力表现为弹体排开的海水体积，方向与重力方向相反，表达式为

$$B_{浸} = \rho g V \tag{B-45}$$

总浮力为

$$B = B_{筒} + B_{浸} = (p_0 + \rho g H) S - \rho g V \tag{B-46}$$

3）摩擦力

导弹在发射筒内做铅垂向上运动时，适配器与发射筒相对运动产生摩擦力，摩擦力与推力方向相反。当适配器出筒后，其产生的摩擦力消失。

摩擦力的大小可以由平板阻力理论结合经验公式获得，假设各圈适配器在导弹出筒过程中受力相同（或根据试验数据取平均值），单圈适配器产生的摩擦力大小为

$$F = \pi \mu_f D l_m \tag{B-47}$$

式中　$\mu_f$——适配器外表面摩擦系数；

　　　$D$——发射筒内径；

　　　$l_m$——适配器高度。

4）水动力

导弹受到的水动力是水体对航行体的整体作用力。按形成机理可分为由攻角产生的位置力、由角速度产生的阻尼力、由加速度产生的惯性力。前两者又称为黏性流体力；按作用方向可分为轴向力、法向力、附加质量力。忽略潜艇运动、海流和海浪等环境因素对导弹纵向运动的影响，本书分析中只考虑轴向流体力和附加质量力。

（1）轴向阻力。轴向阻力包括摩擦阻力和压差阻力，方向与航行体的运动方向相反。在弹体坐标系中，小攻角情况下，阻力与轴向力方向基本一致。大小为

$$R_x = \frac{1}{2}C_{x\Omega}\rho v_x^2 \Omega \qquad (\text{B-48})$$

式中　$\rho$——流体密度；

　　　$v_x$——导弹速度；

　　　$\Omega$——沾湿表面积；

　　　$C_{x\Omega}$——阻力系数。

用沾湿表面积作为特征面积，对于弹体来说，要考虑摩擦阻力和压差阻力。导弹为大细长比旋转体，摩擦阻力与等长度、等沾湿表面积的平板十分接近，可以直接利用平板摩擦阻力系数的公式来计算导弹壳体的摩擦阻力系数。

考虑导弹浸湿部分在湍流环境下运动，摩擦阻力系数的表达式为

$$C_{xof} = \frac{0.455}{(\log Re)^{2.58}} \qquad (\text{B-49})$$

式中　$Re$——雷诺数，有

$$Re = \frac{v_\infty L}{\mu_1} \qquad (\text{B-50})$$

式中　$v_\infty$——导弹的速度；

　　　$L$——导弹的长度；

　　　$\mu_1$——流体运动黏性系数，标准大气压下取值如表 B-1 所列。

表 B-1　标准大气压下海水的运动黏性系数

| 温度/℃ | 4 | 10 | 14 | 18 | 22 | 26 | 30 |
|---|---|---|---|---|---|---|---|
| 黏性系数/($10^{-7}$m²/s) | 15.16 | 13.54 | 12.19 | 11.04 | 10.07 | 9.226 | 8.493 |

计算压差阻力时,需要考虑导弹的外形特点。总的来说,压差阻力相对摩擦阻力较小。通常按摩擦阻力系数的 0.2~0.25 来估计压差阻力系数。由此可以得到阻力系数表达式为

$$C_{x\Omega} = (1.2 \sim 1.25) C_{xof} \tag{B-51}$$

(2) 附加质量力。物体在静止的流体中开始运动时,必然会推动周围的流体质点,使其克服惯性后也开始运动。同时,物体本身又受到这些流体质点的反作用力。流体中的物体在改变运动状态时,因为克服惯性而受到的作用力称为惯性阻力,也称为附加质量力。具有一定形状的物体在流场中受到的惯性阻力的大小反映了流场惯性的大小。

$$R_f = \lambda_{ij} \frac{d^2 s}{dt^2} \tag{B-52}$$

式中 $\lambda_{ij}$ ——导弹出筒段的附加质量。

物体在理想流体中做直线变速运动时受到惯性阻力的作用。此作用相当于物体在真空中运动时增添了一个附加质量,使其惯性加大,难以加速也难以减速,此即为附加质量。附加质量就是物体在流场中运动时流场惯性的一种度量。附加质量的大小一般仅取决于流场中物体的形状及运动方向,而与物体的运动速度无关,表示为

$$\lambda_{ij} = -\int_{\Omega} \rho \sigma_j \frac{\partial \sigma_i}{\partial \boldsymbol{n}} d\Omega \quad i = 1,2,\cdots,6; j = 1,2,\cdots,6 \tag{B-53}$$

式中 $\Omega$——导弹沾湿表面;

$\rho$——海水密度;

$\boldsymbol{n}$——$\Omega$ 的单位外法向矢量,$\boldsymbol{n}$ 为 $\sigma_j$ 在相应方向的分量;

$\sigma_j$——单位速度势函数。从 $\sigma_1$ 到 $\sigma_6$ 分别对应着 $x$ 方向的平移、$y$ 方向的平移、$z$ 方向的平移、$x$ 方向的旋转、$y$ 方向的旋转、$z$ 方向的旋转运动单位速度势函数。

根据细长体理论,假设弹体表面连续、光滑,弹体间各截面没有干扰,弹体的附加质量是各截面附加质量沿弹体纵轴上的积分。在出筒阶段导弹纵向附加质量近似计算公式为

$$\lambda_{11} = \frac{1}{4}\pi\mu_x\rho\int_L D^2(x)dx = \mu_x\rho V_b \tag{B-54}$$

式中 $D(x)$——纵轴坐标 $x$ 处的导弹直径;

$V_b$——导弹浸湿体积;

$\mu_x$——导弹纵向附加质量系数,一般取 $0.2\sim0.5$;

$\rho$——海水密度。

综上所述,作用在导弹上的总作用力为

$$F = p + G + B + F + R$$
$$= (1+X_k)p_t S - (M+m)g - (p_0+\rho gH)S + \rho gV - \pi\mu_f Dl_m - \frac{1}{2}C_{x\Omega}\rho v_x^2\Omega - \mu_x \rho V_b \frac{d^2s}{dt^2}$$

(B-55)

根据对导弹受力分析得到的方程式(B-55),应用牛顿第二定律,则有

$$F = am \qquad (\text{B-56})$$

即

$$a = \frac{(1+X_k)p_t S - (M+m)g - (p_0+\rho gH)S + \rho gV - \pi\mu_f Dl_m - \frac{1}{2}C_{x\Omega}\rho v_x^2\Omega - \mu_x \rho V_b \frac{d^2s}{dt^2}}{M+m}$$

(B-57)

**(七) 内弹道方程**

(1) 加热过程,即当 $t_t < t_s$ 时,联立解方程式(B-22)、式(B-38)、式(B-57),即可得导弹在加热过程的内弹道方程,即

$$\begin{cases} a = \dfrac{(1+X_k)p_t S - (M+m)g - (p_0+\rho gH)S + \rho gV - \pi\mu_f Dl_m - \frac{1}{2}C_{x\Omega}\rho v_x^2\Omega - \mu_x \rho V_b \frac{d^2s}{dt^2}}{M+m} \\[2mm] p_t = \dfrac{x_p(R_g m_g + R_a m_a)T_t}{s_t(l_0+l)} \\[2mm] t_t = \dfrac{x_e m_g c_{vg} t_{vg} + m_1 c_1 t_1 + m_a c_{va} t_a - \left(\frac{1}{2}Mv^2 + \int_0^l F\,dl\right)}{m_g c_{vg} + m_1 c_1 + m_a c_{va}} \end{cases}$$

(B-58)

(2) 汽化过程,即当 $t_t = t_s$,$0 \leqslant x \leqslant 1$ 时,联立解方程式(B-31)、式(B-39)、式(B-57),可得导弹在汽化过程的内弹道方程,即

$$\begin{cases} a = \dfrac{(1+X_k)p_t S - (M+m)g - (p_0 + \rho g H)S + \rho g V - \pi\mu_f D l_m - \dfrac{1}{2}C_{x\Omega}\rho v_x^2 \Omega - \mu_x \rho V_b \dfrac{d^2 s}{dt^2}}{M+m} \\ \dfrac{p_t}{x_p} = \dfrac{(R_g m_g + R_a m_a)T_s}{s_t(l_0 + l)} + \dfrac{R_1 T_s}{v-b} + \dfrac{A_2 + B_2 T_s + c_2 e^{-5.475 T_s/T_k}}{(v-b)^2} + \\ \qquad \dfrac{A_3 + B_3 T_s + c_3 e^{-5.475 T_s/T_k}}{(v-b)^3} + \dfrac{A_4}{(v-b)^4} + \dfrac{A_5 T_s}{(v-b)^5} \\ x = \dfrac{x_e m_g c_{vg} t_{vg} + m_1 c_1 t_1 + m_a c_{va} t_a - (m_g c_{vg} + m_1 c_1 + m_a c_{va})t_s - \dfrac{1}{2}Mv^2 - \int_0^l F dl}{m_1(\Delta H - p_s v_s'')} \end{cases}$$

(B-59)

(3) 过热过程，即当 $t_t > t_s$ 时，联立解方程式（B-37）、式（B-40）、式（B-57），可得导弹在过热过程的内弹道方程，即

$$\begin{cases} a = \dfrac{(1+X_k)p_t S - (M+m)g - (p_0 + \rho g H)S + \rho g V - \pi\mu_f D l_m - \dfrac{1}{2}C_{x\Omega}\rho v_x^2 \Omega - \mu_x \rho V_b \dfrac{d^2 s}{dt^2}}{M+m} \\ \dfrac{p_t}{x_p} = \dfrac{(R_g m_g + R_a m_a)T_t}{s_t(l_0 + l)} + \dfrac{R_1 T_t}{v-b} + \dfrac{A_2 + B_2 T_t + c_2 e^{-5.475 T_t/T_k}}{(v-b)^2} + \\ \qquad \dfrac{A_3 + B_3 T_t + c_3 e^{-5.475 T_t/T_k}}{(v-b)^3} + \dfrac{A_4}{(v-b)^4} + \dfrac{A_5 T_t}{(v-b)^5} \\ t_t = \dfrac{x_e m_g c_{vg} t_{vg} + m_1 c_1 t_1 + m_a c_{va} t_a - m_1(c_l t_s - c_{pl} t_s + \Delta H - pv) - \dfrac{1}{2}Mv^2 - \int_0^l F dl}{m_g c_{vg} + m_1 c_{pl} + m_a c_{va}} \end{cases}$$

(B-60)

上述方程式（B-58）至式（B-60）中的有关系数按式（B-41）计算。

## 三、发射内弹道方程的解算

由于水下发射过程的复杂性，导弹内弹道方程组无法求得其解析解。因此，可采用数值积分法求解内弹道方程。根据泰勒级数展开式，导弹的筒内行程和运动速度按下式计算，即

$$l_n = l_{n-1} + \Delta t v_{n-1} + \dfrac{1}{2}\Delta t^2 a_{n-1} + \dfrac{1}{6}\Delta t^3 \dot{a}_{n-1} \qquad (B-61)$$

$$v_n = v_{n-1} + \Delta t a_{n-1} + \frac{1}{2}\Delta t^2 \dot{a}_{n-1} \tag{B-62}$$

式中

$$\dot{a} = \frac{a_n - a_{n-1}}{\Delta t}$$

利用流量方程式（B-3）、式（B-5）和内弹道方程式（B-58）、式（B-59）、式（B-60）以及数值积分关系式（B-61）和式（B-62），采用适当的方法，则可求得 $l$-$t$、$v$-$t$、$a$-$t$、$p_t$-$t$、$T_t$-$t$ 等内弹道参数。

导弹内弹道方程的解根据导弹在发射筒内运动的特点，可分为静力学时期和运动学时期两个阶段。静力学时期指导弹运动以前的阶段，此阶段导弹未运动，属于定容充气阶段。随着燃气量和水蒸气不断流入发射筒内，气体压力逐渐增加，当作用于弹底的力等于导弹运动的阻力时，导弹开始运动。运动学时期是指导弹开始运动到导弹出筒的阶段，此阶段燃气、水蒸气混合气体推动导弹运动而做功。

从冷却水相变的过程可将导弹内弹道方程的解分为加热、汽化和过热三个阶段。各阶段所对应的内弹道方程反映了在发射过程中发射筒内三种不同的工质状态，在计算时必须按实际情况分段计算，但三个阶段又是紧密连接的连续过程。具体解法如下：以时间为线索，当 $t<t_{x0}$，温度 $t_t<t_s$ 时，应用加热过程方程组 1 求解。设初始条件为 $m_g=0$，$m_l=0$，$t_t=t_a$，$p_t=p_a$。由于燃气和冷却水进入发射筒，使筒内温度 $t_t$ 和压力 $p_t$ 逐渐增加。当筒内温度 $t_t$ 恰好等于筒内压力 $p_t$ 下的沸腾温度时，筒内开始了汽化过程，改用汽化过程方程组 2 求解；当计算到 $x=1$ 时改用过热方程组 3 求解，直到 $t=t_e$ 时为止。

## （一）静力学时期解法

从燃气发生器点火到导弹即将开始运动这一时间段称为静力学时期。此时期的工质状态特点是一个充容混合过程，没有对外做功，即 $l=v=a=0$。在这一时期，由于燃气和冷却水进入发射筒，使筒内压力由初始状态的压力上升到弹动压力 $p_{tM}$；与 $p_{tM}$ 相应的 $t_M$、$m_{gM}$、$m_{lM}$、$a_m$ 这些量既是这一时期的最终条件，又是动力学时期的初始条件。因此，静力学解算的目的实际上是根据 $p_{tM}$ 来确定 $t_M$、$m_{gM}$、$m_{lM}$、$a_m$。

### 1. 弹动压力 $p_{tM}$ 的确定

由 $M_{aM}=F_M=0$，可得

$$(1+x_k)p_{tM}S_t = (M+m)g + p_0S + \rho g H + \pi \mu_f D l_m \tag{B-63}$$

$$p_{tM} = \frac{(M+m)g + p_0 S + \rho g H + \pi \mu_f D l_m}{(1+x_k)S_t} \tag{B-64}$$

由式（B-64）可知，$p_{tM}$ 只与弹体参数和发射装置的结构参数以及发射条件有关，可不依赖于 $m_g$、$m_1$ 求出。

**2. $t_M$、$m_{gM}$、$m_{lM}$ 的确定**

按时间顺序应用弹道方程计算某时刻 $t_i$ 时的压力 $p_{ti}$，并与 $p_{tM}$ 相比较，当满足 $p_{ti} < p_{tM} < p_{ti+1}$ 时，即可利用插值法进行插值，分别求得 $t_M$、$m_{gM}$、$m_{lM}$。具体方法为

$$t_M = t_i + \frac{t_{i+1} - t_i}{p_{ti+1} - p_{ti}} (p_{tM} - p_{ti}) \tag{B-65}$$

$$m_{gM} = m_{gi} + \frac{m_{gi+1} - m_{gi}}{p_{ti+1} - p_{ti}} (p_{tM} - p_{ti}) \tag{B-66}$$

$$m_{lM} = m_{li} + \frac{m_{li+1} - m_{li}}{p_{ti+1} - p_{ti}} (p_{tM} - p_{ti}) \tag{B-67}$$

**（二）动力学时期解法**

导弹从开始运动至弹底离开发射筒的过程，称为内弹道的动力学时期。此时期的解法就是根据发射装置的结构参数、发射动力系统所提供的燃气和冷却水的流量规律、发射条件等已知条件，由静力学时期给出的初始条件应用方程组，按分段解法求得导弹在发射筒内的运动规律以及发射筒内工质气体状态参数变化规律。

导弹出筒参数主要是指出筒时间、出筒速度、出筒压力以及弹出筒时的燃气量和冷却水量。导弹的出筒参数是依据弹运动的有效行程，利用插值法根据相应计算确定的，即当 $t_i$ 时刻 $l_i < l_e$，而 $t_{i+1}$ 时刻 $l_{i+1} > l_e$ 时，有

$$t_e = t_i + \frac{t_{i+1} - t_i}{l_{i+1} - l_i} (l_e - l_i) \tag{B-68}$$

$$v_e = v_i + \frac{v_{i+1} - v_i}{l_{i+1} - l_i} (l_e - l_i) \tag{B-69}$$

$$m_{ge} = m_{gi} + \frac{m_{gi+1} - m_{gi}}{l_{i+1} - l_i} (l_e - l_i) \tag{B-70}$$

$$m_{le} = m_{li} + \frac{m_{li+1} - m_{li}}{l_{i+1} - l_i} (l_e - l_i) \tag{B-71}$$

然后可根据 $m_{ge}$、$m_{le}$ 用式（B-59）和式（B-60）计算出 $T_{te}$、$p_{te}$、$a_e$ 等出筒参数。

## 四、仿真设置及流程

### （一）仿真流程

建立仿真模型反映了系统的数学模型和计算机之间的关系。它的主要任务是要设计一种算法，以便使系统模型能为计算机接受并能在计算机上运行。图 B-7 是导弹发射内弹道的仿真流程框图。

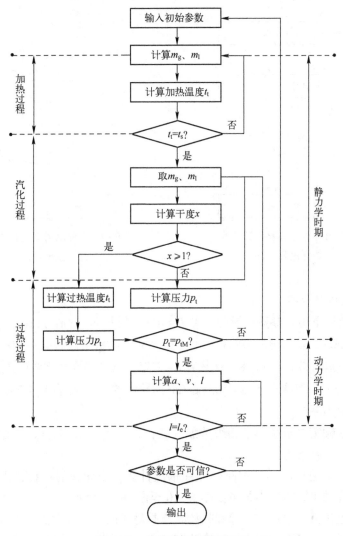

图 B-7　内弹道仿真流程框图

导弹发射内弹道的仿真技术研究可以根据仿真目的的不同而设计不同的流程。图 B-8 是根据燃气量和冷却水量计算内导弹参数的仿真计算流程框图；图 B-9 是根据导弹出筒速度指标来确定发射动力系统技术状态的仿真计算流程框图。

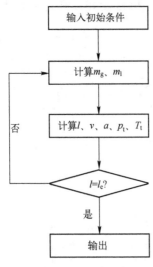

图 B-8　导弹参数计算
仿真流程框图

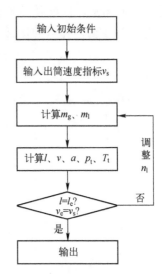

图 B-9　发射动力系统技术状态
计算流程框图

### （二）仿真结果

假定有以下仿真参数：导弹长度 $L=10\mathrm{m}$，质量 $M=30\mathrm{t}$，直径 $D=1.8\mathrm{m}$，发射深度 $h=30\mathrm{m}$，发射筒内初始容积 $V_{t0}=0.75\mathrm{m}^3$，喷管出口面积 $A_e=0.1\mathrm{m}^2$，燃气发生器燃烧室初温 $T_0=1000\mathrm{K}$，比热容 $K=1.25$，气体常数 $R=480\mathrm{J}/(\mathrm{kg}\cdot\mathrm{K})$，海水温度 $T=4℃$，海水密度 $\rho=1025\mathrm{kg/m}^3$，导弹的附加质量 $M_f=2500\mathrm{kg}$，导弹在水中的阻力系数 $C_{x\Omega}=0.48$。

根据牛顿第二定律和泰勒级数展开式，计算由初值 $(x_0,y_0)$ 开始，分别采用数值方法逐点推算。

选取固定的步长 $\Delta t$，按时间顺序依次计算，当导弹的行程接近发射筒长度时，计算结束。得仿真结果如图 B-10 至图 B-13 所示。

由该组仿真结论可知，导弹初始状态是静止的，燃气发生器点火后，主装药燃烧，燃气流量迅速增大，并在达到 415kg/s 值后趋于稳定。筒内压强随着燃气流量的增加而迅速升高，当升高到 5.8MPa 时，导弹克服阻力开始运动。

随着导弹运动速度的加快,发射筒内的压强会逐渐减小,导弹的加速度也会变小,并趋于匀速运动。最终得到相应仿真结论为:导弹出筒时间 $t=0.722\mathrm{s}$,出筒速度 $v=34.50\mathrm{m/s}$,筒内最大压强 $p_{\mathrm{tmax}}=1.318\mathrm{MPa}$。

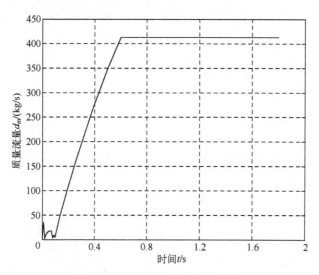

图 B-10　质量流量-时间曲线

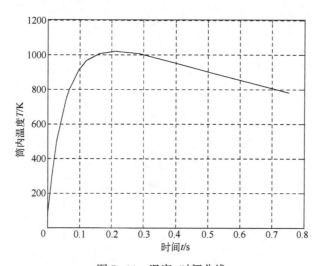

图 B-11　温度-时间曲线

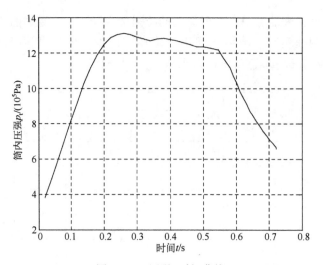

图 B-12 压强-时间曲线

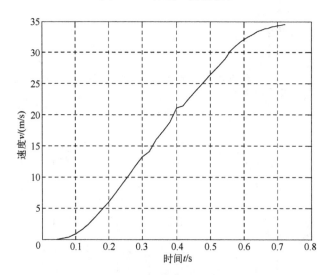

图 B-13 速度-时间曲线

# 参考文献

[1] 刘家铨. 鱼雷发射装置概论 [M]. 哈尔滨：哈尔滨工程大学出版社，2003：122.

[2] 张宇文. 鱼雷弹道与弹道设计 [M]. 西安：西北工业大学出版社，1999：101.

[3] 杨芸. 国外鱼雷发射装置的现状及发展趋势 [J]. 水中兵器，1993，9：59-64.

[4] 陈川龙，周旭农. 潜艇鱼雷发射装置简介 [J]. 海军装备，2010：17-18.

[5] 练永庆，王树宗，等. 鱼雷发射装置设计原理 [M]. 北京：国防工业出版社，2012，4.

[6] 张孝芳，胡坤，由文立. 液压平衡式水下鱼雷发射系统活塞缓冲特性数值仿真 [J]. 兵工学报，2011，32（9）：1090-1093.

[7] 华绍曾，杨学宁. 实用流体阻力手册 [M]. 北京：国防工业出版社，1985.

[8] 张兆顺，崔桂香. 流体力学 [M]. 北京：清华大学出版社，1999.

[9] 业冀萍. 水下战武器发射装置 [J]. 国外舰船工程，2001（1）：19-23.

[10] 孙威平，逄洪照，由文立，等. 21世纪潜艇鱼雷发射装置展望 [J]. 鱼雷与发射技术，2000：6-10.

[11] 朱清浩，宋汝刚. 美国潜艇鱼雷发射装置使用方式初探 [J]. 鱼雷技术，2012，20（3）：215-219.

[12] Massimo Annati, Heavyweight torpedoes [J]. Naval Forces, 2000：48-52.

[13] Ladouceur, Harold D, Gould, Benjamin. Numerical simulations of pressure spikes within a cylindrical launch tube due to a bursting helium flask [J]. AD, 2011：15-18.

[14] 王云. 潜艇低噪声武器发射装置之液压发射系统概论 [J]. 鱼雷与发射技术，2012（4）：36-39.

[15] 张振山，程广涛，梁伟阁. 潜艇自航发射鱼雷的若干问题 [J]. 海军工程大学学报，2012，24（4）：58-62.

[16] 刘浩波，周广林. 自航式鱼雷发射装置我国应用的可行性初探 [J]. 鱼雷与发射技术，2000（4）：58-62.

[17] 郭关柱. 论鱼雷发射装置与反航母战 [J]. 鱼雷与发射技术，2010，14（7）：45-49.

[18] Rodrigues M A, et al. A multi-mission launcher system for next generation surface combatants [J]. Naval Engineers Journal, 2000：77-90.

[19] 黄震中. 鱼雷总体设计 [M]. 西安：西北工业大学出版社，1987：33-55.

[20] 程广涛，孔岩峰，张振山. 液压平衡式水下武器发射系统仿真分析 [J]. 兵工学报，2009，30（7）：915-919.

[21] 胡柏顺，穆连运，赵祚德. 潜艇液压平衡式发射装置内弹道仿真建模 [J]. 舰船科学技术，2011，33（7）：90-93.

[22] 陈宜辉，王树宗，练永庆，等. 水压平衡式水下发射装置的可调节发射阀研究 [J]. 机械科学与技术，2006，25（2）：210-211.

[23] 欧阳辉旦，程广涛，张振山，等. 自航发射鱼雷内弹道模型与仿真 [J]. 鱼雷技术，2009，17（1）：48-51.

[24] 王燕飞, 张振山, 张萌. 自航发射鱼雷内弹道模型与仿真研究 [J]. 系统仿真学报, 2006, 18 (2): 316-318.
[25] 徐勤超. 自航鱼雷发射装置管体结构参数对内弹道的影响 [J]. 弹箭与制导学报, 2011, 31 (4): 128-132.
[26] 程广涛, 张振山. 对潜用武器发射装置发射噪声控制研究的思考 [J]. 鱼雷技术, 2009, 17 (4): 70-73.
[27] 李咸海. 潜地导弹发射动力系统 [M]. 哈尔滨: 哈尔滨工程大学出版社, 2000.
[28] 倪火才. 潜地弹道导弹发射装置构造 [M]. 哈尔滨: 哈尔滨工程大学出版社, 1998.